U0236988

金鱼文化艺术欣赏

JINYUWENHUAYISHUXINSHANG

沈伯平　著

广陵书社

图书在版编目（ＣＩＰ）数据

金鱼文化艺术欣赏 / 沈伯平著. -- 扬州：广陵书
社，2014.12
ISBN 978-7-5554-0188-9

Ⅰ．①金… Ⅱ．①沈… Ⅲ．①观赏鱼类－文化－中国
Ⅳ．①S965.8

中国版本图书馆CIP数据核字(2014)第265686号

书　　　名	金鱼文化艺术欣赏
著　　　者	沈伯平
责任编辑	邱数文
排　　　版	吴加琴
出版发行	广陵书社
	扬州市维扬路 349 号　　　　邮编　　225009
	http://www.yzglpub.com　E-mail：yzglss@163.com
经　　　销	全国新华书店
印　　　刷	无锡市长江商务印刷有限公司
开　　　本	730 毫米 ×1030 毫米　1/16
印　　　张	13.5
版　　　次	2014 年 12 月第 1 版第 1 次印刷
标准书号	ISBN 978-7-5554-0188-9
定　　　价	66.00 元

目 录

序

　　实现中华民族的伟大复兴,离不开中华文化的繁荣兴盛。党的十八大报告指出:"文化是民族的血脉,是人民的精神家园。全面建成小康社会,实现中华民族伟大复兴,必须推动社会主义文化大发展大繁荣,兴起社会主义文化建设新高潮,提高国家文化软实力,发挥文化引领风尚、教育人民、服务社会、推动发展的作用。"中华文化博大精深,在实现现代化新起点上,全国正在兴起新一轮文化建设热潮,推动文化大国向文化强国的跨越。文化不仅以文化人,丰富人们的精神和情感,促进社会的文明进步,也是产业的灵魂和软实力的体现,是产业可持续发展的源泉和动力。随着后工业化时代的到来,加强渔业文化建设,将人文优势转化为可持续发展的动力,是广大水产工作者面临的新课题。

　　我国是渔业大国,渔业文化资源也特别丰富,著名的如"阳澄湖大闸蟹""长江三鲜""太湖三白""辽宁海参"以及海、淡水珍珠等等都因其丰饶的产量和优异的品质以及深厚的文化底蕴而名播海内外。近几年各地的小龙虾也凭借着文化宣传大放异彩,使产业规模和品牌价值达到前所未有的高峰。在各类水产品极大丰富并满足了人们的物质需求以后,挖掘渔业文化资源,建设渔业文化,对丰富人们的文化生活,对产业的转型升级,对实现渔业现代化,对推动经济建设和文化建设协调发展都具有积极的意义。

　　金鱼是经过人工长期培育被创造出来的观赏鱼类,可以说是人类智慧的产物,是一个被艺术化了的物种。金鱼是我国渔业的传统特色之一,是先民传下的宝贵遗产,北京、苏州、福州、扬州等地均有饲养金鱼的悠久历史,并积淀了厚重的文化底蕴。上世纪 70 年代末,各地金鱼就开始乘着改革开放的春风,大量出口世界各地为国家创汇,为传播中华文明,为繁荣社会经济,为致富农村农民发挥了积极作用。在加强中华文化软实力建设的今天,金鱼的历史文化价值和艺术价值确实需要我们去进一步认识、发掘和宣传。

　　《金鱼文化艺术欣赏》的作者在研究中国金鱼文化方面作了有益的探索,在深入发掘的基础上延续传承并创新发展,在金鱼的历史演化、金鱼的民俗文化、金鱼的艺术价值及其相关的文化形态、文化鉴赏、金鱼在扬州的传承发展等方面进行了比较系统的论述和创作,选用的图片也力求反映金鱼的文化艺术之美,是一本内容新颖、图文并茂的文化科普读物,希望今后能够看到更多有关渔业文化的书籍问世。

魏宝振

二〇一四年十月三十日

第一章　源远流长

　　金鱼起源于野生鲫鱼的变异种——金鲫，金鲫是因为鲫鱼的染色体基因发生了突变而体表呈现出红艳的色彩。我国人民以金鲫及其变异的后代作为育种素材，通过改变它的生活习性，诱导并利用它的形态变异，在育种繁殖、生长发育等各个环节，集成运用金鱼培育技艺，培育出了数以百计色彩斑斓、形态各异、婀娜多姿、赏心悦目的金鱼品种，使之成为一个被艺术化了的物种。通过对源自金红色鲫鱼的人工培育，形成了如此丰富多彩、又符合大众审美需求的变异物种，在动物饲养中堪称奇迹。金鱼的成功培育，也从一个侧面反映出中国人民的勤劳智慧，锲而不舍的努力与恒心，求新求异的创造精神和精致高雅的文化追求，在它的身上烙印着中华文化的鲜明印记，反映了中华民族的审美情趣。金鱼不仅具有鲜活直观的艺术之美，也有科学人文的内涵之美。可以毫不夸耀地说，金鱼是中华文明的重要成果，也是对世界文明作出的贡献。

1

色彩靓丽的五色文鱼

金鱼的演变历经了发现、认识、放生、畜养和艺术塑造并渐趋完美的家化历史过程。稽考先民的创造之源,寻索金鱼的演化轨迹,也可以从一个侧面感悟中华文化的源远流长与广博多彩。

发现与放生

《山海经》书影

金鱼的祖先源于变异的鲫鱼。鲫鱼是鲤科鱼类中的一个重要种类,广泛分布于东亚淡水水域。鲤、鲫鱼的体色变异在自然水域中虽不常见,但我国很早就已发现、关注并记录了这一自然现象。我国古代将色彩发生变异或带有五色纹彩的鲫鱼、鲤鱼称作"文鱼",以示有别于粗野普通之鱼。如《山海经·中山经》记载:"荆山之首曰景山:其上多金玉,其木多杼檀。睢水出焉,东南流注于江,其中多丹粟,多文鱼。"这里的"睢水"有人认为可能是流经河南、安徽、江苏的淮河(《水经注·淮水》引《郡国志》"淮水出于荆山之左"),往东南经洪泽、高邮两湖流注长江。《山海经》是我国先秦时期的重要典籍,书中涉及大量远古时期的史料,对研究我国古代历史、地理、文化、民俗、神话等均有重要的参考价值。《山海经》中的记载说明早在战国时期之前,先民们已发现并关注"文鱼"的出现。

战国时期浪漫主义诗人屈原(前 340~前 278)在《九歌·河伯》中咏叹:"灵何为兮水中? 乘白鼋兮逐文鱼,与女游兮河之渚……"这段诗歌虽非记实,然"五色文鱼"在自然界中确实存在。

此外,南朝文学家任昉《述异记》记载了东周"周平王二

野生鲫鱼

年十旬不雨,遣祭天神。俄而生涌泉,金鱼跃出而雨降。"此说虽有神应故事的色彩,但是金鱼却并非凭空想象出来的事物。

南北朝(420~589)时期,多处史料记载了江西庐山发现金鲫鱼。祖冲之(429~500)在《述异记》中记载:"桓冲为江州刺史,乃遣人周行庐山,冀睹灵异。既陟崇巘,有一湖……湖中有败编赤鳞鱼。"南齐萧锐在《高僧传·释昙霁传》中记载庐山西林寺中有金鲫鱼:"庐山……西林院秀池中赤鲋,龙也。"梁武帝大通三年《丛林记拾》也有"朱鲋,庐山西林寺秀池中,世界罕有……"的记载。古人称寺为院,西林院即西林寺,曾是庐山著名古刹之一;鲫又称作鲋,赤鲋

始建于唐代的天津独乐寺放生池

即红色的鲫鱼。西林寺坐落于庐山北麓,建于东晋太和二年(366),为北山第一寺,寺中的"秀池"据传是一个名为"师秀"的寺僧用了三年时间,凿石成池,池长四丈,阔三丈,深一丈,时曰"秀斗"。秀池以赤鲋闻名,后世对此多有记载。

在金鲫鱼被畜养之前,有关发现金鲫鱼的记载多与人们对自然界的认识相互联系。古人对一些自然现象还不能作出科学的判断和解释,于是金鱼的祖先一度被视作自然界中的灵异之物。人们赋予它能够呼风唤雨的神性,甚至成为龙的化身。宋代陈耆卿《赤城志》曰:"九顷塘,在县西四十里,包山吞麓,其浸九顷……有金银鲫鱼,味绝美,然有渔,艇则覆焉,其神异多此类。"又王象晋在《群芳谱》中引史"博物志:浙江昌化县有龙潭,广数百亩,产金银鱼,祷雨多应。"

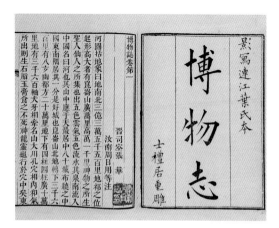

《博物志》书影

金鱼的畜养最初是与中国的佛教文化相关联。佛教自西汉时期由中亚经丝绸之路传入我国,至隋唐而兴盛繁荣。佛教有不杀生的戒律和普度众生的信愿,佛门弟子及信徒将捕获的野生动物放归自然,积善行德,以

3

始建于南宋的泉州天后宫放生池

图善报。《事物原会》有"放生始于梁而置放生池始于唐"的记载,唐肃宗（711~762）在位期间,更以律令"命天下置放生池八十一所",专门用于放生被人们捕获的各种鱼鳖鳞介,被视为自然界灵异之物的金鲫鱼,捕获后被放生是很自然的事。人们把金鲫鱼视为灵物供养在放生池中,甚至祈望它们有一天会变为神龙,护佑平安,带来福祉,所以后来有关金鲫鱼的历史记载又多与寺庙中放生池相关联。

北宋时期,人们将捕获的赤鳞鱼放生于寺庙的放生池在史志中已有明确记载。宋初杭州、嘉兴等地称赤鳞鱼为"金鲫鱼"或"金鱼",如《嘉兴府志》载:"金鱼池,普济院,在慈恩寺之西南,原名金鱼寺,以刺史丁延赞得金鱼于此池,而池在寺之前。"丁延赞公元968~975年在当地任秀州刺史,金鱼寺位于嘉兴城外月波楼附近,金鱼寺和金鱼池都是因为金鲫鱼而得名。后来,这个金鱼池专门用于放生,在放生池中,除金鲫鱼外还有其他鱼鳖等,都是被禁止捕捉的。宋代诗人梅尧臣《咏金鱼池》中感叹:"谁得陶朱术,修治一水宽,皇恩浃鱼鳖,不复敢垂竿。"

北宋时期的杭州至少有两处寺庙在放生池中畜养金鲫鱼。一是六和塔下的慈恩开化寺（又称"六和寺"）,最早关于开化寺金鱼池中有金鲫鱼的文字记载,见于宋初著名诗人苏舜钦（字子美,1008~1048）《六和寺》诗,诗中有"沿桥待金鲫,竟日独迟留"一句,从诗中可以看出金鲫鱼在当时属稀罕之物,竟使得诗人为等待金鲫鱼的出现而终日徘徊滞留于金鱼池旁。之后在杭州任官的苏东坡（1037~1101）也去六和塔下实地观察到全身灿烂如金的金鲫鱼,并为此写了一篇因读苏舜钦诗而至该寺观鱼的见闻

苏轼画像

扎记："旧读苏子美《六和寺》诗,云'沿桥待金鲫,竟日独迟留',初不喻此语。及游此寺,乃知寺后池中有此鱼,如金色。昨日复游池上,投饼饵,久之乃略出。不食,复入,不可复见。自子美作诗至今四十余年,已有'迟留'之语,则此鱼自珍贵盖久矣。苟非难进易退而不妄食,安得如此寿也。"金鲫鱼生性胆怯,只是偶尔显露一下身影,见人便迅即潜入水中,轻易不肯露面,更不与其他鱼争食饼饵。如此矜持神秘莫测之态,岂非不是灵异之物?难怪苏舜钦想再次见到它的"金身",要徘徊留连耗费那么长时间,也难怪距苏舜钦的"迟留"之语四十年之后,还能看到如此"长寿"的金鲫鱼。宋代翰林学士蒋之奇(1031~1104),也看到了苏东坡曾见到的金鲫鱼不妄食投饵的情形,赋《金鱼池诗》记曰:"全体若金银,深藏如自珍。应知嗅饵者,固自是常鳞。"

杭州南屏山兴教寺内建有放生池,也有金鲫鱼放生于此。宋人惠洪在《冷斋夜话》中记载:"西湖南屏山兴教寺,池有鲫十余尾,金色。道人斋余争倚槛投饼饵为戏。东坡习西湖久,故寓于诗词耳。"苏东坡在游历兴教寺并看到金鲫鱼之后,曾留下《访南屏臻师》一诗:"我识南屏金鲫鱼,重来拊槛散斋余。还从旧社得心印,似省前生觅手书,……"金鲫鱼被视作奇观,慕名前来兴教寺观赏者甚多,其中不乏文人骚客,苏东坡的这首诗也使得南屏山兴教寺的金鲫鱼名噪一时,吸引了更多的人前往观赏,寺庙也借此招徕施主,增加了名望,成为一方名刹。

在寺庙的放生池中畜养金鲫鱼,增加了寺院神性的光环,吸引到更多的施主。金鲫鱼在封闭的放生池中生活要比在开放水域安全得多,生存几率大大提高,还能从僧人和香客游人那里获得些许食物,甚至有了相互交配繁衍后代并使种群逐渐扩大的契机,所以数十年后,人们会在同一水域目睹金鲫鱼的芳踪。宋代杭州附近多见金鲫鱼,且史料记载丰富,特别是南宋建都杭州,畜养金鱼之风日盛,故历代将杭州视为中国金鱼的发源地。

金鲫鱼

野生到"家化"

南宋以前很长一段时期金鱼是处于半野生、半家养阶段,畜养金鲫鱼引为时尚肇始于南宋的杭州。

北宋灭亡以后,康王赵构(1107~1187)继承皇位,因不敌金兵,被追逼到了江南,建都于杭州,设临安府,史称南宋。赵构与徽宗赵佶父子相承,也是一位热爱文化艺术的皇帝,虽然胸无收复中土之雄才大略,却在书画辞赋方面样样精擅且颇多造诣,明代陶宗仪《书史会要》评价:"高宗善真、行、草书,天纵其能,无不造妙。"高宗还是醉心于花鸟鱼虫等各种玩好的风流皇帝,史载高宗有相马、赏花、放鸽子等诸多雅好。朝廷迁都杭州后,当地产的金银鱼对于来自北方的皇室与朝廷官员来说,更被视为珍奇的稀世之宝,于是在宫庭内建造金鱼池,清泉泻瀑,碧水游鱼,美其名曰"泻碧",并广收各处金银鱼,供宫中赏玩。《昌化县志》载:县西北千顷山,"山巅有龙池,广数百亩。宋淳熙十三年夏,中使奉德寿宫命来捕金银鱼"。德寿宫是宋高宗晚年退位颐养天年之处,淳熙十三年是高宗驾崩的前一年,朝廷还派宦官到距杭州二百里地的昌化县去捕捉金银鱼,以博高宗欢心。

"上有好焉,下必效之。"皇帝喜欢玩赏金银鱼,由此带动众多官宦、士大夫跟风效仿,豪贵府第中竞相兴建花苑鱼池,畜养金银鱼在皇城一时成为风气。宋理宗嘉熙二年(1238)进士戴埴著《鼠璞》记载:"金鲫始于钱塘,惟六和寺有之,未若今之盛。南

宋高宗赵构

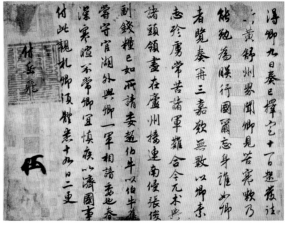

赵构《赐岳飞批剳卷》

渡驻跸王公贵人,园池竞建,豢养之法出焉,有金、银两种鲫鱼。"即使山河破碎,国难当头,也没有阻止逃亡至江南、偏安于一隅的朝廷官宦们玩养金银鱼的热情,赏玩金银鱼既为王公贵族的生活增添了情趣,还是他们夸奇斗富为门第增光添彩的奇物。

金银鱼

这一时期,金银鱼被收集于池沼之中畜养,玩养的人多了,饲养技法自然也不断推陈出新。人们发现金银鱼喜食水中的鱼虫,并且喂以鱼虫可以使其色彩变得更加鲜艳,"凡宅舍养马则每日有人供草料……养鱼则供虮虾儿。"所谓"虮虾儿"即现时喂养金鱼的红虫。金银鱼被专池畜养后,避免了种属之间的生存竞争,可以不受干扰地在鱼池中繁殖后代并扩大种群,金、银鱼相互混杂在一起交配繁殖,于是又出现了黑白花斑相杂的"玳瑁鱼"品种。岳珂(1183~1243)在《桯史》中记载,其时金银鱼"又别有雪质而黑章,的皪若漆,曰玳瑁鱼,文采尤可观"。所谓雪质而黑章,的皪若漆的玳瑁鱼,也就是白底黑斑,并闪烁着墨漆一般光泽的金鱼,因为是以前没有见到过的新品种,格外受到人们追捧。

斑纹若玳瑁的金鱼

杭州西湖著名景点"花港观鱼"的历史最早可以追溯到宋代,南宋官宦卢允升在此建别墅,名为"卢园",园内辟有鱼池,并将花港的水引入,收罗各种金银鱼畜养观赏。以后此地成为历代骚人墨客吟诗寄情之地,元初诗人尹廷高就有一首《花港观鱼》写得清朗而有韵致,同时抒发了诗人的故国情怀和凄切飘零的

昔日富贵庭院中的鱼藻池

心境："细雨初收逐队嬉,何人注目俯寒漪？红妆静立阑干外,吞尽残香总未知。"

　　杭州城玩养金银鱼成了气候,于是城外又有了专门以养金银鱼为生的"鱼儿活"。宋人吴自牧著《梦粱录》："金鱼有银白、玳瑁色者。……今钱塘门外多畜养之,入城货卖,名鱼儿活。豪贵府第宅舍,沼池畜之。""鱼儿活"以养鱼为业,掌握了池塘饲养繁殖金银鱼的技术,使得金银鱼更为广泛地流传。但是鱼何以能变为金色,却是一个秘不可宣的独门绝技,《程史》曰"今中都有蓄鱼者,能变鱼以金色,鲫为上,鲤次之。贵游多凿石为池,置之檐牖间,以供玩。问其术,密不肯言。"《程史》还记载宋将吴曦返归四川就任宣抚副使之职,用三条巨艘满装杭州的湖水,将金银鱼运往四川,还将杭州的"鱼儿活""挟以自随",一并带往四川。

民国时期北京金鱼池旧址

南方的宋朝廷赏玩金银鱼的风气也传到北方金朝的政治中心——燕京。金贞元元年（1153），金废宗完颜亮迁都燕京，改称中都，动用120万民力扩建都城，并营建了一个极为优美的皇家苑林，搜罗豢养各类珍禽奇兽，苑中建有"鱼藻池"，畜养金银鱼玩赏。《帝京景物略》"金鱼池"中载："金故有鱼藻池。旧志云，池上有殿，榜以瑶池。殿之址，今不可寻，池泓然也。居人界而塘之，柳垂覆之，岁种金鱼以为业。鱼之种，深赤曰金，莹白曰银，雪质墨章，赤质黄章，曰玳瑁。"

消灭了金朝和南宋继而统一中国的元朝帝王也喜欢玩赏金银鱼。南宋降服后，元将伯颜特地遣人将宋宫中的金银鱼连同池水一起运到大都（今北京），金银鱼又成为元朝宫廷的玩赏之物了。《二如亭群芳谱》载："元时燕帖木儿奢侈无度，于第中起水晶亭。亭四壁水晶，镂空贮水，养五色鱼其中，剪采为白苹、红蓝等花置水上。壁内置珊瑚栏杆，镶以八宝奇石，红白掩映，光彩玲珑，前代无有也。"金、元当时均属外族，赏鱼作为一种文化生活现象在不同的朝代和不同的族群中得到传播与延续，中华文化具有海纳百川的包容性，更具有强大的同化力量，由此也可以管窥一斑。

北方宫廷畜养金鱼始于金朝，历经元、明、清等多个朝代，采南、北畜养技艺之长，又集各地朝贡进京金鱼之精华，所以北京和天津一直以来成为我国宫廷金鱼的畜养中心。

元代至顺年间（1330~1333）俞希鲁编纂的《至顺镇江志》卷四"土产"中提到镇江也畜养金鱼："金鱼。有鲫有鲤。初生正黑色，稍大而斑文若玳瑁，渐长乃成金色，既老则色如银矣。人家池塘多畜之。"可见时至元代中叶，饲养金银鱼已在各地普及，但仍然延续着池塘畜养的方法。

金银鱼畜养在池沼之中，生活环境并没有多少改变，人们除了投饼饵喂鱼虫，任其生长繁衍，实为一种比较粗放的家养方式。

具有金银两色的草金鱼

普及繁盛

南宋之后的元明时期，金鱼的畜养方式逐步从池养过渡到了盆缸畜养时代。从池养到盆缸畜养，是金鱼家化史上一个非常重要的变革。金银鱼进入盆缸畜养阶段以后，方显体形变短、眼睛凸出、单尾变成双尾等形态变化，初步具有了金鱼的基本形态特征。

明晚期·池塘秋色鱼缸

古代石质鱼盆

盆养的初始阶段，人们把幼小的金鲫鱼与蝌蚪等一起养在盆桶中玩赏，发现金鱼不仅可以存活，还能够生长发育并繁衍后代，而且因为生活环境的变化，其色彩比畜养于池塘中更为鲜艳，这就使更多的人对畜养金鱼产生了兴趣。盆缸畜养金鱼占地不大，花费很少，摆设随意，适合于社会各个阶层，使玩赏金鱼从豪贵府第扩散到了大众社会，促进了金鱼的普及繁盛。

金鱼的普及繁盛当然也有上层社会的示范引领，明代政治家、学者、诗人于慎行（1545~1608）在《谷山笔麈》中记载明神宗朱翊钧也是一位喜爱玩养金鱼的皇帝：文华殿"东一室乃上所游息。一日，同二三讲臣入视，见窗下一几，几上设少许书籍，又一二玉盆，盆中养小鱼寸许，上所玩弄也。"书载神宗前往京城碧云寺时，看到寺中畜有金鱼

千尾，观赏之后龙颜大悦，命寺僧加意爱养。

神宗朱翊钧（1563~1620）是明朝在位时间最长的皇帝。在内阁首辅张居正的辅佐下，奋发图强，使明王朝的经济和文化一度空前繁荣，军事振兴，国家用度充裕，社稷秩序安定，史称"万历中兴"。其时于庭院之中摆设花木盆景，畜养金鱼不仅是朝廷官宦和上层社会的普遍雅好，还成为他们炫耀富有和地位的一种方式，万历年间的刘若愚在《明宫史》中记载："凡内臣多好花木，于院宇之中，摆设多盆。并养金鱼于缸，罗

列小盆细草,以示侈富。"

明代中后期,玩养金鱼在市井百姓中广为流行,出现了"人无有不好,家无有不蓄,竞色射利,交相争尚,多者十余缸,至壬子极矣"的盛景(郎瑛《七修类稿》)。玩养金鱼反映了古人的生活情趣和爱美之心,同时也反映了明神宗"万历中兴"一段时期社会的繁荣和经济的富庶。随着金鱼的演变,人们将双尾的称作"朱砂鱼"或"金鱼",可以登堂入室养在盆缸之中供人观赏,而单尾的金鲫却只能屈居于苑囿陂池之中点缀园景。

屠隆像

明代金鱼广为畜养的盛景,《金鱼品》中亦有记载。《金鱼品》为明戏曲家、文学家屠隆(1543~1605)所著,是现存年代较早专门记述金鱼的文史资料,反映了当时玩赏金鱼"惟人好尚,与时变迁"的种种风尚,起初人们时尚"纯红、纯白"的金鱼,继而又时尚"金盔、金鞍、锦背及印头红、裹头红、连鳃红、首尾红、鹤顶红"等鱼品。以后又"出赝为继",崇尚"墨眼,雪眼,朱眼,紫眼,玛瑙眼,琥珀眼,四红至十二红,二六红,甚有所谓十二白,及堆金砌玉,落花流水,隔断红尘,莲台八瓣……"人们对各类鱼品的出现倍加推崇,冠以各种富有诗意的名称,并且培育出长成能够变幻出"神品"的五花金鱼,两眼鲜红而又向外凸出的龙睛金鱼,有"三尾、四尾、五尾"等多种尾形的金鱼,还有时称"金管、银管"的珍品被"广陵、新都、姑苏竞珍之"。《金鱼品》中的"金管、银管"是一种背鳍退化的金鱼,因为是新生事物,成为风靡一时的异种。

"金管"

"银管"

《金鱼品》中誉为"神品"的五花金鱼

明嘉靖以后，一些经济富庶、士大夫文化发达的城市玩养金鱼之风日盛，其中包括苏州、扬州、杭州、北京、南京等地，尤以苏州为甚。

昆山人张谦德（1577~1643），字叔益，出身于书香门第，自幼受文化濡染，是晚明最有成就的书画鉴赏家之一，陆机的《平复帖》，展子虔的《游春图》等传世名作都经过他的收藏。张谦德精通书画之余，对鉴赏和饲养金鱼亦有亲历感悟和高妙造诣，所著《朱砂鱼谱》现为存世最早的金鱼专著。《朱砂鱼谱》开篇即云当时苏州畜养金鱼的繁盛景象："朱砂鱼，独盛于吴中大都，以色如辰州朱砂，故名之云尔。……吴地好事家，每于园池齐阁胜处，辄蓄朱砂鱼以供目观。余家城中，自戊子迄今，所见不翅数十万头。"又说"吴中好事家竞移樽俎，蚁集鉴赏，历数月乃罢。"苏州自古就是文人雅士辈出之地、经济繁荣富庶之邦，文人雅士借亭台水榭一隅，畜养赏玩金鱼，经张谦德过目的朱砂鱼数量竟然不止于数十万头，如此数量规模，自然是无数名品竞出。古往今来苏州金鱼以品种多、鱼品佳而著称于世，与数百年的金鱼畜养培育历史是一脉相承的。

明末沈弘正（1610~1643）在《虫天志》中引潘之恒《亘史》，对扬州畜养金鱼亦有精彩记述："潘之恒《亘史》曰：维扬人畜金鱼初以红白鲜莹争雄，后取杂色白身红片者。有金鞍、鹤珠、七星、八卦诸名。分缸投饵，击水波鸣则奔呼鹜至。或合缸用红白旗招之，各分驰如列阵然。其金银目，双环，九尾徒美观尔，盖虾种也。此与骈枝赘疣者等，曷足珍焉。"

潘之恒（1556~1621），字景洲，号亘生等。原籍安徽歙县，寄寓仪征，长期来往于扬州、金陵、苏州等地，是明代著名诗人和戏曲评论家，一生著述颇丰，存世有《亘史》《鸾啸小品》等。《亘史》中有颇多涉及扬州风俗人情之处，其中

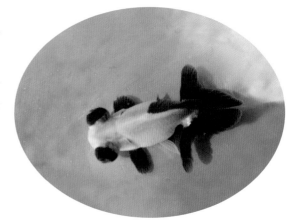

"眼贵于红凸"的龙睛金鱼

红白鲜莹的文鱼

记述维扬人畜金鱼之盛况,文字虽短,但是反映出明代时期扬州畜养金鱼的几条重要历史信息:

（1）技艺精湛。将"金鞍、鹤珠、七星、八卦"等诸多鱼品分缶畜养,投饵时分别用不同颜色的小旗招引谓之"食化"。击水波鸣时金鱼纷纷奔呷鹜至,索求饵物,在主人的精心畜养下金鱼竟然被驯化得如此富有灵性而又敏慧迅捷。2011年中央电视台春节联欢晚会由青年魔术家傅琰东表演的《年年有"鱼"》节目与此如出一辙而成为观众瞩目的焦点,4条红色的金鱼和2条黑色的金鱼在魔术师的指挥下排队形、走方阵、齐步走、向左转……,节目受到全国观众的一致好评。赏心悦目的美丽金鱼何以如此富有灵性? 一时引得众说纷纭,各种猜测莫衷一是。

（2）色彩鲜莹。在畜养金鱼的诸多地域,扬州金鱼以红白鲜莹争雄取胜。扬州金鱼色彩鲜艳明丽这一大特色沿袭至今,为世人所公认。

（3）珍品繁多。有色彩纷繁的各类红白花斑金鱼,还有"金银目、双环"等各种龙睛,还有"骈枝赘疣者"是否就是"狮子头"一类金鱼的雏形? 众多名品,曷足珍焉。

（4）畜养普及。畜养过程中对金鱼反复进行训练,使之形成了条件反射,合缶时再用红或白旗招引,各种金鱼竟披波分驰如列队布阵。只有在金鱼畜养普及繁盛的社会背景之下,才会有如此地别出心裁,玩出花样。

《客座赘语》书影

金鱼│文化艺术欣赏

JIN YU WEN HUA YI SHU XIN SHANG

此外，万历年间的顾起元（1565~1628）在他的笔记《客座赘语》"禽鱼十一则"中记载明朝南都金陵盛养"盆盎间奇物"："花鱼，旧止金鱼一色耳。近年有朱色如腥血者，有白如银者，有翠而碧者，有斑驳如玳瑁者，有透彻如水晶者，有双尾者，有三尾者，有四尾者……故是盆盎间奇物。"

盆养金鱼不仅使金鱼畜养普及繁盛，也为金鱼的形态变异开创了广阔前景。畜养于盆缸中的金鱼，人们喂以沟渠之中捕到的红虫，并适时换水分盆。丰足的饵料营养、优越的生活环境、对鱼品的精心选择，使得金鱼的色彩比较池沼畜养更加鲜艳，色彩变化也更为丰富，出现了蓝鱼、水晶鱼、红白橙黄蓝黑紫诸色杂于一身的五花金鱼等，各色名品大量涌现。《朱砂鱼谱》云：朱砂鱼有"白身头顶朱砂王字者，首尾俱朱腰围玉带者，首尾俱白腰围金带者，半身朱砂半身白及一面朱砂一面白作天地分者，满身纯白背点朱砂界一线者……作七星者，巧云者，波浪纹者，白身头顶红珠者，药葫芦者，菊花者，梅花者，朱砂身头顶白珠者……白身朱戟者，朱缘边者，琥珀眼者，金背者，银背者，金管者，银管者，落花红满地者，朱砂白相错如锦者。种种变态，难以尽述。"

金鱼在适应盆缸饲养的过程中除了色彩变异纷繁多彩，外部形态出现了三大变化趋势。

一是尾柄退化，体形由侧扁的纺锤形趋向于粗壮宽短，金鱼有了"长身""短身"之分。尾柄退化和体形趋于粗短，是由于运动功能的退化，人们利用这个变化趋势，通过人工选育技术，使金鱼的体形朝向娇小玲珑而又圆润丰满的方向发展，这也特别符合中国人的审美心态。

琥珀眼金鱼

二是鱼鳍发生变化。随着体形变宽，单臀鳍变异为双臀鳍；胸鳍和腹鳍也变得宽大；还出现了背鳍退化、被人们捧为珍品的"金管""银管""管鳞"的金鱼品种。鱼鳍发生变化最为显著的是单尾鳍变异为趋向水平展开的双尾鳍，双尾鳍有三叶也有四叶，有些金鱼的臀鳍很长，于是又有"五尾者、七尾者、九尾者"。宽大的鱼鳍更有利于身体的平衡，垂直坚挺的单尾鳍逐渐变化为宽大并且是趋于水平方向展开的双尾鳍，发生如此大的变异并不仅仅是因为饲养环境的改变和体形的自然变化，更重要的是人们根据审美观念的价值取向，经过长期选育得来的结果。与普通垂直的单片尾鳍相比，水平柔软飘逸的双叶尾恰似仕女的裙摆，款款游动的优雅姿态，更是迎合了人们的审美需求。是时人们已经认为，金鱼与凡鱼的区别在于："鱼尾皆二，独朱砂鱼有三尾者，五尾者，七尾者，九尾者，凡鱼所无也。"双尾金鱼被视为正宗，称"金鱼"或"朱砂鱼"；而"金鲫"则特指单尾金鱼，贬为"陂塘之物"被高级鉴赏家所不屑。

尾裙红艳美丽的蝴蝶尾金鱼

15

三是普通的平眼向眼眶外凸起。"眼贵于红凸"的龙睛金鱼品种这一时期已经出现并得到记载。凸起的双眼使人们联想到龙，称其为龙睛金鱼。中国传统文化中，鱼和龙是可以相互变换的，如《说苑》中有"昔日白龙下清冷之渊化为鱼"，《长安谣》则说"东海大鱼化为龙"等。龙是中华传统文化中呼风唤雨、翻江倒海的神灵，是中华民俗文化崇拜的图腾，通过龙睛金鱼的

青花鱼龙变化纹洗

培育,使古代人民心目中龙的幻象在现实生活中得以部分实现。

金鱼畜养在池沼之中,不便于人们仔细观察,更难以捕捉。而盆缸畜养金鱼,人们可以随意近距离赏玩,并且容易观察到畜养过程中金鱼发生的各种细微变化,又根据各人所好或者社会的崇尚流行,将"不入格"的鱼淘汰,留下合意的鱼品,又将不同花色和出现变异的各色鱼品精心挑选并分盆畜养繁殖后代,这就开始了有意识的人工选择。《朱砂鱼谱》曰:"养朱砂鱼……须每年夏间市取数千头,分数十缸饲养。逐日去其不佳者,百存一二,并作两三缸蓄之,加意爱养,自然奇品悉备。"人工选择促使金鲫鱼的色彩和外部形态发生变化并遗传给后代,真正意义上的金鱼在这一时期已然成型。明代金鱼的普及繁盛和诸多变异又为以后出现更多的形态变化奠定了基础。

明代金鱼的普及繁盛,与文人士大夫文化的关联尤为密切,金鱼丰富了人们的文化生活,文人士大夫更提高了金鱼的文化品位。南宋至明末 500 年间,玩养金鱼的人无数,人们对金鱼起源和变异的原因争论不休,反映了当时社会的发展和人们的认识水平。《鼠璞》的作者戴埴以为金鲫幼鱼"黑而白始能成红,或谓因所食红虫而变"。《西湖游览志余》的作者田汝成则有不同看法:"近者西湖金鱼最盛……金鱼自有种,《程史》乃言以红虫饲之而致然,非也。"郎瑛《七修类稿》中又云:金鲫和金鲤"二鱼虽有种生,或曰食市中污渠小红虫则鲋之黑者变为金色矣……然予甥家一沼素无其种。偶尔一日,满沼皆金鲫,此又不知何故。恐前二说非也"。屠隆为了弄清楚金鱼"色相变幻"的原因,还遍考了《山海经》《异物志》《子虚赋》等史籍,得出"其色相自来本异而金鱼特总名也"之结论。又如《万历杭州府志》作者陈善

明嘉靖时期的青花红彩鱼藻纹盖罐

金鱼文化艺术欣赏

JIN YU WEN HUA YI SHU XIN SHANG

等人以为"取虾与鱼感则鱼尾酷类于虾。有三尾者,五尾者,此皆近时好事者所为……"张谦德通过长期实践研究,认为"三尾、五尾"甚至"七尾、九尾"乃为朱砂鱼所特有,普通的"凡鱼所无也"。虽然对金鱼产生变异的原因众说纷纭,尚未形成一致的认识,但是通过这些争论,去伪存真,使得人们对自然的认识不断深化,同时也促进了金鱼培育技艺的发展。

清初釉里红鱼藻纹缸

　　饲养金鱼普及繁盛使得各种色彩奇异的名品大量涌现,又有了"虾尾"和眼睛向外凸出的龙睛金鱼以及"金管""银管"等异种,于是对金鱼鱼品的鉴赏、甄别和命名,又成为市井文化的热点。姑苏城内玩养金鱼的"好事家"们竞相搬缸移盆,展示亮相自家的宝贝,鉴赏金鱼的人们像蚁群一样围聚在一起,品头论鲲,热烈至极,如此盛景要历经数月方可告罢。文人墨客不仅热衷参与其中,还著书立说各抒己见,张谦德甚至还请画工将自己所见的各种名品用图描绘出来:"于其尤者,命工图写。粹集既多,漫尔疏之。种种变态,难以尽述。"可惜的是这些图案未见传世。

　　古代娱玩的项目不似现代人丰富多彩,栽花、养鸟、观鱼是文化生活的重要内容,张谦德对观赏朱砂鱼的情趣也有一段非常经典的见解:"赏鉴朱砂鱼,宜早起,阳谷初开,霞锦未散,荡漾于清泉碧藻之间,若武陵落英,点点扑人眉睫;宜月夜,圆魄当天,倒影插波时,惊鳞拨剌,自觉目境为醒;宜微风,为披为拂,琮琮成韵,游鱼出听,致极可人;宜细雨,蒙蒙霏霏,谷波成纹,且飞且跃,竞吸天浆,观者逗弗肯去。"人们在自然清新、恬静和美的环境之中,心与景会,神随鱼游,吟诗作赋,物我两忘。此种闲适优雅的赏鱼情趣,如入"与造物同体,与天地并生,逍遥浮世,与道俱成"的超凡脱俗之境界。

大明隆庆年制鱼缸

众多金鱼名品的出现和品评赏玩,使有关金鱼的文化不断得以丰富,文化又促进了金鱼的普及繁盛和众多品种形成。

由于年代久远且饱经战乱,明代有关金鱼的专著传世不多,除了屠隆的《金鱼品》,最为全面详尽的当属张谦德所著《朱砂鱼谱》,通过文人的笔墨,不仅将甄别金鱼、鉴赏名品、观鱼情趣等文化传向社会,而且畜养金鱼的技艺也经过他们的总结提炼得以在社会广为流传。《朱砂鱼谱》从食性、换水、散籽、育苗、辨鱼、分盆、度夏、越冬等方面介绍了金鱼的培育过程,为后世积累了经验。从中我们可以看出,金鱼进入盆缸畜养阶段的元明时期,其培育技艺与畜鱼于陂塘之中的宋代已是不可同日而语。

绚丽多姿

随着盆养成为畜养金鱼的主要方法和金鱼育种技术的日渐成熟,金鱼的变异和品种也随之增多,并且沿着人们标新立异的时尚需求和传统文化的审美取向不断发展并趋于完美。

为了获得新奇品种和鉴赏家们认为"入格"的鱼品,金鱼行家们常常亲自动手,选育色彩、鳞管、身段、嘴、眼、鳍、尾变异优秀的金鱼,年复一年坚持不懈地精心培育并传宗接代。古代多有文人雅士乐此不疲地沉湎于培育金鱼的乐趣之中,他们四处收罗奇品,偶有获得,视如至宝,"珍之重之,加意爱养"。清初康熙年间苏州人蒋在雕在《朱鱼谱》中自述:"余爱朱鱼也,三十余年矣。自康熙丙午岁,得娄东吴瑞征七鲲红四、落花四。畜之十载,生育对余,变幻奇异,寓目舒怀,不可胜言。至辛酉年,又得建客异种一,嘴眼身条以及鳞管尾鲲种种之妙。所以生育鲜洁,爱之重之,亦不轻弃。"《朱鱼谱》收录了当时蒋在雕认为值得入谱的鱼品五十六例,并附有每一例鱼品的主要特征。该书还分别从吻、眼、鳞、鳍等十四个方面论述了金鱼"入格"的品评标准,以及养法、看法、收子、出法等畜养技艺,这是目前所

清朝紫禁城里的水晶宫

见清代最早的一本金鱼谱志。

随着金鱼品种日益繁多和培育技术逐渐成熟，有关金鱼的专著也随之增多，有介绍品种的，也有总结培育技术的，多为出身于士大夫阶层的金鱼育种家们亲自参与培育和总结民间培育金鱼的经验之谈，是我国劳动人民聪明智慧的结晶，也是一份重要的文化遗产，值得后人珍视。如清道光年间出版的句曲山农的《金鱼图谱》，则是中国传世最早附有彩色插图的金鱼专著，是研究中国古代金鱼的重要文献。图谱参考《本草纲目》《群芳谱》《格致镜原》《资生杂志》《培幼集》《花镜》诸书，分原始、池畜、缸畜、配孕、养苗、辨色、相品、饲食、疗疾、识性和征用

《朱鱼谱》书影

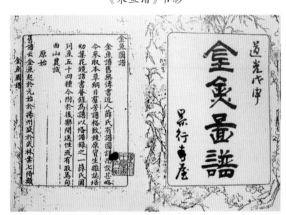

《金鱼图谱》书影

十一个专章，用简练的文字，系统地介绍了中国古代金鱼的饲养培殖方法。在正文后面还附有金鱼品种目录以及各类鱼品的彩图五十七幅，为人们对照和识别当时金鱼的正宗品种提供了方便。

出版于清光绪年间的《虫鱼雅集》是又一本有关鸣虫和金鱼的专著，其中金鱼部分有鱼法源流、养鱼总论、滋鱼浅说、四时养鱼、养鱼六诀、养鱼八法、鱼中十忌和医鱼六则八个篇章，作者用生动流畅的文笔讲述了饲养金鱼的经验要领。例如在养鱼六诀的第二诀中写道："养鱼二诀，格物要真。虽鳞介属，理亦同人。水养其性，食养其身。随时体察，自然精神。"在"养鱼八法"的第二法"选盆"中作者写道："鱼盆喜陈恶新，盆口宜敞忌

清宫中精致的金鱼缸

19

以翠兰为底色的五彩蝴蝶尾金鱼

收。务选多年旧盆,毫无火气为最上,缸亦如是。俗云'水宽得养鱼',盆缸固大者为佳,然总宜陈物,虽小亦可。即补漏锯纹不堪者,但能收拾盛水不漏便佳。常见用细磁缸养鱼,无非好看,实与鱼无裨益。倘无陈盆,新盆亦须用水泡晒过三伏,使生青苔方可用也。"

清代笔记《竹叶亭杂记》则收录了宝使奎的《金鱼饲育法》,其中有一段特别提到分盆畜养对保持金鱼种性纯正的重要:"鱼不可乱养,必须分隔清楚。如黑龙睛不可见红鱼,见则易变。翠鱼尤须分避黑、白、红三色串秧,花鱼亦然。红鱼见各色鱼则亦串花矣,蛋鱼、纹鱼、龙睛尤不可同缸。各色分缸,各种异地,亦令人观玩有致。"这些"养鱼经"若不亲身体验是写不出来的。

中国金鱼的培殖家们正是通过这种"察识其性""分隔清楚"的养育和"畜类贵广""百存一二"的反复优选,使各类金鱼名品迭出,大放光彩,为世人所瞩目。同时也正是这种根据金鱼的不同变异,通过"各色分缸,各种异地"的育种方法,使得金鱼新品种不断涌现。时至晚清,中国金鱼经过数百年培育已是花样百出,争奇斗艳,品种繁盛,绚丽多姿,根据有关记载,试举如下:

文鱼。即明代被人们普遍饲养的"朱砂鱼",团身、双尾、花色繁多,色彩艳丽。古人根据各种鱼品花色,赋予各种诗意的名称简直令人眼花缭乱。例如《金鱼品》有"堆金砌玉、落花流水、隔断红尘、莲台八瓣",《朱鱼谱》有"金袍玉带、白马金鞍、判官脱靴、雪里拖枪、银袍金带、八仙过海、锦被盖牙床",《金鱼图谱》有"玉燕

"判官脱靴"乎?

穿波、篱外桃花、二姑杞桑、丹出金炉、金钩钓月、流水落花、将军挂印、二龙戏珠、红云捧日、霞际移飞、众星拱月、阴阳妙合……"至如"印头红、连鳃红、首尾红、鹤顶红、十二红"等等直白的命名更是多得不可胜数。文鱼尾鳍形状亦变化多端，有短尾、长尾、宽尾，有扇尾、燕

玉燕穿波

尾、凤尾，有江铃尾、芭蕉尾、荷叶尾，还有所谓五尾、七尾、九尾……

文鱼中出现眼睛变异外凸的被人们培育成为"龙睛"金鱼，背鳍发生退化的又被人们培育成为"蛋鱼"，鼻隔膜出现变异的被人们培育成为"绒球金鱼"，鳞片发生变异的被人们培育成为"珍珠鳞"金鱼，养之日久，头上生出肉瘤的又被人们培育成为"狮子头金鱼"……

龙睛金鱼。即双眼向两侧横向凸出的金鱼，屠隆在《金鱼品》中记载了明代已有此种变异，而且当时人们还以"眼贵于红凸"的鱼品为尚。在以后有关金鱼的著作中，人们将"眼若铜铃"的金鱼视为佳种，《金鱼饲育法》中将"身粗而匀，尾大而正，睛齐而称，体正而圆，口团而阔。于水中起落游动稳重平正，无俯仰奔窜之状"作为龙睛金鱼鉴赏之标准。又说"龙睛鱼，此种黑如墨，至尺余不变色者为上，谓之墨龙睛。又有纯白、纯红、纯翠者，有大片红花者、细碎红点者、虎皮者、红白翠黑杂花者，变幻多种，不能细述。文人每就其花色名之。"根据古人的"看法"，各色龙睛金鱼可谓琳琅满目，

篱外桃花

霞际移飞

有红龙、白龙、黑龙、花龙、蓝龙、紫龙,有朱砂眼、金眼、银眼、金银眼、有水晶眼、玛瑙眼、琥珀眼、灯笼眼,有墨眼、雪眼、紫眼等等。

至晚清,人们又将龙睛金鱼中眼睛向上翻转的培育成为朝天龙金鱼,还将背鳍退化的培育成为蛋种龙睛金鱼。

仙姿艳玉肌　身著锦绣衣

蝴蝶尾金鱼。蝴蝶尾金鱼是龙睛金鱼中出现的变异种,因尾鳍形状酷似蝴蝶而得名。该鱼品在乾隆年间《扬州画舫录》中有记载:柳林茶社朱标"善养花种鱼。……柳下置沙缸蓄鱼。有文鱼、蛋鱼、睡鱼、蝴蝶鱼、水晶鱼诸类。……上等选充金鱼贡,次之游人多买为土宜。其余则用白粉盆养之。令园丁鬻于市"。道咸年间的姚燮在《红桥舫歌》中也提到柳林茶社和蝴蝶尾金鱼:"帘影春风一幅舒,柳林茶社十间庐。红瓷新长蜻蜓草,碧碗闲调蛱蝶鱼。"为便于读者理解,对以上部分词汇略作解释:"花种鱼"即金鱼,"金鱼贡"即送献朝廷的贡品,"土宜"即土特产,"蛱蝶"即蝴蝶。

绒球金鱼。清初《朱鱼谱》有"映须红"鱼品:"通身俱白,惟两须红者方是(两角红)。间或有内红而外白者,谓之映须红。"又在该文"须论"中曰:"须要长大,视之有玲珑之状,而若有眼者为上。"著者所说的"两须",亦即金鱼鼻孔外的小瓣膜,变异形成了"内红而外白"有"玲珑之状"的绒球,尽管其时可能并未成为一个品种而广为流传,但至少也是该品种的雏形。至清末《虫鱼雅集》中载"蛋鱼有虎头鱼、绒球鱼,皆异种也"。这里的"绒球鱼"亦即现今我们所看到的"蛋种绒球"金鱼。

谁家浴罢临妆女　爱将鲜花插满头

蛋鱼。是由背鳍退化的所谓"管鳞"金鱼演化而来,身形短圆如蛋而得名,清末有金蛋,银蛋,五花蛋等品种。《金鱼饲育法》介绍:蛋鱼中"又有一种,于头上生肉,指余厚,致两眼内陷者,尤为玩家所尚。以身纯白而首肉红为佳品。"蛋鱼与文鱼平行变异演化,被人们培育出虎头、蛋凤、蛋球等诸多品种。平头长尾的蛋

青衣仙子绛桃芳　五色羽衣陆离光

鱼品种后来称之为"丹凤金鱼"或称"蛋凤","头上生肉"的蛋鱼即为各类虎头品种,"身纯白而首肉红"者为今日的"红顶虎金鱼"或"鹅头红金鱼"。

蛋龙。即蛋种龙睛金鱼的简称,背鳍退化,两眼向两侧凸出,《虫鱼雅集》中称此为"龙背鱼":"龙背鱼与龙睛一样,只无脊刺。"《金鱼饲育法》中则有"蛋龙睛乃蛋鱼串种也"。艺鱼人还将蛋龙睛金鱼培育成为眼睛向上翻转的"望天眼"金鱼。

狮头金鱼与虎头金鱼。文鱼头部生出肉瘤的是为狮头金鱼,《金鱼饲育法》云:有"年久亦能生出狮子头"的文鱼。身纯白而首肉红的佳品是为今人称作"鹤顶红"亦或"红顶白高头"的品种。同样,在蛋鱼中也培育出了"起头"的虎头金鱼品种。

望天眼与朝天龙。望天眼与朝天龙金鱼亦为《虫鱼雅集》所载:"又有望天龙,眼上视,有脊刺。若无刺,即望天鱼。"以后人们将双眼向上翻转、背鳍完整的文种"望天龙"金鱼称作"朝天龙",将没有背鳍的蛋种"望天鱼"称作"望天眼"或"望天"。

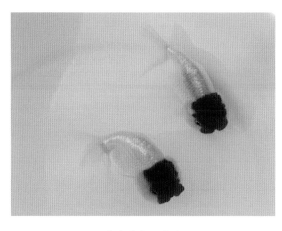

芳姿花容玉生春

以上例举了时至清末外表形态发生变异的诸类金鱼,《金鱼饲育法》还提到所谓的"洋种"金鱼:"无鳞,花斑细碎,尾又有软硬两种。"所谓无鳞的洋种,就是现在的各类软鳞金鱼品种。因为金鱼的色彩多数可以稳定地遗传,所以每一类金

望天眼金鱼

鱼又可以根据不同的色彩细分为多个品种,如龙睛金鱼中有红、白、黑、蓝、紫、红白、五花等诸多品种,因此清代的金鱼在人们的辛勤培育下,已进入五彩缤纷、品种繁盛的时代。

民国时期,随着西方科学的传播和培育技艺的进步,金鱼品种更是百花齐放。成书于民国二十五年的《扬州览胜录》记载:扬州金鱼"共 72 种,有龙背、龙眼、朝天龙、带球朝天龙、水泡眼、反鳃水泡眼、珍珠鱼、南鱼、紫鱼、东洋红、五花蛋、洋蛋、墨鱼等,名目繁多,不可枚举。"上世纪 30 年代许和编著的《金鱼丛谈》、林汉达编著的《金鱼饲养法》等书中列数了当时上海金鱼也有七十多种,其中复合性状的新种有龙睛球、龙睛水泡眼、珍珠蛋、银蛋球、蓝蛋球、望天球、珍珠龙睛、珍珠朝天龙、珍珠水泡、珍珠虎头、珍珠翻鳃、虎头翻鳃、水泡翻鳃、狮子头翻鳃、绒球翻鳃、蛤蟆头翻鳃等等。至此,金鱼体表所有可能产生变异的器官,几乎都被用于进行艺术形态的塑造和满足人们对新、奇、美的审美追求。同时也反映了人们对金鱼变异、遗传的认识不断深化和对金鱼培育技艺的娴熟掌握。

更趋完美

新中国成立后,结束了数十年的兵荒马乱,随着社会、经济和文化的发展,金鱼培育也得到了较好的恢复和传承。

上世纪五六十年代,各种生产活动主要还是围绕解决人民的温饱,金鱼虽然在民间普及不广,但却颇受人们喜爱,各大公园都辟有培育金鱼和

五花蛋金鱼

展出金鱼的场所,如北京的中山公园、北海公园、天坛公园等培育的金鱼品种各异,各具特色,争奇斗艳,每逢节假日,前往观赏金鱼的游客络绎不绝。上海西郊动物园用宽大的玻璃制作成金鱼展示长廊,向游客展示千姿百态的金鱼之美。因为得益于良好的人才、技术、经济和物质支撑,各大公园成为培育和传承金鱼的主要阵地。通过南北各地相互串种和选择改良,使各类金鱼的品种性状相比以前显著优化,品种特征发育更好,体形更加匀称,色彩更为艳丽,遗传的稳定性也不断提高。如发头类金鱼的头形更加丰满,鹤顶红、鹅头红的红色头冠显著隆起,绒球金鱼的绒球由一对发展到两对。新的品种也多有涌现,除了从各类金鱼中分离培育出了红、紫、蓝、黑、花等遗传比较稳定的品种,还有菊花头、朝天龙水泡眼等。

　　"文革"时期,受极左思潮影响,金鱼又被视为封资修"四旧"而受冷落,金鱼的培育也因此而一度停滞。政治与文化的变故,使金鱼的传承又一次遭受重创。

　　改革开放以后,各行各业生产力得到了空前释放,金鱼的生产培育也进入大发展、大繁荣时期。包括扬州、苏州、南通等传统产区的城郊农民,充分利用传统产业的饲养技艺和产品市场两大优势,纷纷在家前屋后、庭院屋顶建池养鱼,前人留下的遗产为致富城郊农民发挥了作用。其时,国外市场对中国金鱼需求强劲,中国也急需宝贵的外汇,金鱼大量出口外销,担当起为国家创汇的角色。国外客商对中国金鱼的质量要求相当高,因此也促进了生产技术的进步和金鱼质量的全面提高。

　　随着人们鉴赏水准的逐步提高和金鱼培育技艺的进步完善,各类金鱼的品种特征更趋鲜明而完美,有病态之嫌的翻鳃品种被淘汰,复合性状的新品种时有出现,通过杂交选育,培育出皇冠珍珠鳞、龙睛鹤顶红、龙睛高头等等不一而足。由于水土气候和培育方法上的差异,各地金鱼还形成了自己的地方特色,如苏州以产各类优质狮头金鱼见长,南通的皮球珍珠金鱼体型硕大而头尖尾小,扬州以盛产"小鱼"(规格为7~8厘米,适宜出口外销)和红水泡金鱼而闻名,如皋的蝴蝶尾金鱼在业界负有盛名,武汉的猫狮头金鱼,福州的兰寿金鱼,天津的红帽子金鱼,徐州的墨龙睛金鱼,上海的绒球金鱼,杭州的五花类金鱼等

头冠宛若玛瑙的皇冠珍珠鳞金鱼

色彩对比鲜明的巧色金鱼

上世纪 90 年代后期,国家大力推进农村产业结构调整,金鱼生产由传统产区向资源丰富和各类生产要素更为廉价的地区迅速扩散,大批质量参差不齐的金鱼涌入市场,扩大了消费群体,满足了不同消费层次的需求,金鱼迅速由过去的卖方市场转入买方市场,市场机制也对金鱼品种改良和新产品的出现起到了积极的推动作用。

进入 21 世纪,渔业功能向多元化发展,渔业主管部门积极推动包括观赏鱼产业的休闲渔业发展。通过相关科学技术的研究推广和普及,生产者的精心培育,饲养爱好者的鉴赏和甄别,政府以及民间组织的展示评比乃至各品种金鱼评判标准的制定,金鱼外部形态的艺术创造已日臻完美,并且与时俱进,精益求精,使之更符合世人审美和文化消费的多样化需求。

在政府部门的推动下,产业集聚度较高的地区成立了金鱼协会、鱼友协会等组织机构,为业内人士搭建了相互交流和开展活动的平台,对产业的发展起到很好的促进作用。各地还纷纷以金鱼展示评比搭台,汇聚各方精品,组织展会经济,举办学术报告、文化论坛以及水族产品交易会等活动,其中又以每年举办一次的北京和广州展会影响最大。在推动整个产业发展的同时,也对金鱼的质量和鉴赏水准的提高,品种改良和新品种培育起到了积极的推动作用。

随着互联网时代的到来,金鱼进入到更加开放繁荣的时代。以金鱼为主题的网站多达十余个,成为凝聚众多观赏鱼爱好者的公共平台。网络拉近了鱼友之间的时空距离,也拉近了人与金鱼文化之间的距离,各地网友纷纷将自己培育金鱼的得意之作通过互联网发表,大量精美的

双眼大且对称的龙睛金鱼

金鱼图片使金鱼在网络时代幻化出更加美艳的光彩，金鱼饲养技术和鉴赏文化等方面的丰富资料，使金鱼及其鉴赏文化得到更为广泛的普及，大批知识青年的加入为金鱼事业注入了青春和活力。广大金鱼爱好者以现代人的审美眼光发现和创造金鱼之美，从传承中华文明的高度热爱和宣传金鱼之美，从比较中

飘逸潇洒的鹤顶红金鱼

外文化的差异审视金鱼之美的艺术价值和文化内涵，从金鱼培育和鉴赏方面的现实差距反思激励并推动金鱼事业向前发展和不断超越。此外，"日寿"和"泰狮"（即日本兰寿金鱼和泰国狮头金鱼）的流行，也对推动我国金鱼的品种改良和文化鉴赏发挥了积极的作用。人们不再满足于对金鱼奇特的外形和对某些品种特征的过分追求，而是以新奇、健康、和谐、精致、完美为审美取向，使金鱼的艺术魅力和文化内涵绽放出更加绚丽的光彩。

艺鱼源流

金鱼历经千百年的畜养和演化，成为一个被艺术化了的物种。在金鱼培育的漫长过程中，人们精心畜养并仔细观察它的形态变异，通过多种选育种方法，对它的遗传基因进行雕琢修饰，使得金鱼的艺术形象不断趋于丰富完美。在长期的畜养过程中，人们累积了丰富的艺鱼经验，古代金鱼培育技法包含选种、繁殖、育苗、育养、防病、疗疾等多个环节。无论南北，畜养金鱼之法可谓大同小异，具体操作"工夫要勤，养之日久，体察得道，熟能生巧，自必入门。非可言传，在人意会耳"。畜养金鱼，前人积攒下了丰富经验，

眼泡又圆又大的水泡金鱼

现代饲养金鱼,仍可从中得到许多教益和启发。

一、饲养容器与摆放位置

经过宋代开始的家养驯化,到了元明时期,终于也可以像种植盆花一样,用盆缸作为饲养金鱼的容器了,玩养金鱼也因此得以在民间普及。明代李时珍在《本草纲目》中感叹道:"金鱼自宋始有蓄者,今则处处人家养玩矣。"

古代饲养金鱼多用木盆、砂缸、瓷盆(缸)等,砂缸饲养在南方很普遍,北方饲养金鱼有一种很大的木盆,称之为"木海",用柏木板箍成,直径达四五尺,盆帮高一尺余,容积达到一个多立方。北京过去还有专门烧制鱼盆的窑厂,鱼盆以套数表示体积之大小,有六套盆、八套盆、十套盆,最大的是十二套盆,直径达到一米,其中十套大盆可容水 300 余斤。

以砂缸、木盆饲养金鱼,主要是取其透气和易生苔藻。瓷盆(缸)虽然白亮光滑好看,但是既不透气,也不易苔藻附生,所以一般多用于客厅、书房临时观玩清供之用。饲养金鱼的砂缸"口大底小",口面大便于人们观赏金鱼,有利于阳光照射和溶入更多的氧气,缸底小便于清理缸底之污垢。古人认为,畜鱼之缸以古旧砂缸为好,旧粪缸尤宜;新缸"火大气燥",要经过三伏天浸泡"去火"之后才能养鱼。使用前还须以生芋擦其内壁,如此才有利于苔藻生长。

与栽植盆花一样,鱼盆(缸)也须择地安置:"凡养鱼,必须择向阳过风之地。……使鱼在盆中,上受天光,下得地气,方能出长。"鱼盆(缸)的摆放位置春夏秋冬四季也有不同:春秋季节鱼盆(缸)宜置于向阳之处,让金鱼享受阳光的温暖,也有利于苔藻生长;入夏后盆(缸)置于树荫等半阴半阳且通风透气之地,金鱼可免受烈日炙烤之苦;到了冬季,南方将鱼缸斜埋于向阳之地,夜以草帘覆缸保温防冻,北方则须将金鱼移养于室内才能安全越冬。金鱼虽然能够适应零度以上的水温,但是绝不可冻结在冰块之中。水面经常结有一二指薄冰,有利于金鱼安全越冬,

裙摆镶嵌黑边的蝴蝶尾金鱼

来年的病害也比较少。

古代也有用池塘饲养金鱼，但是古人认为，陂塘中固然可以畜养大鱼，然"池秧生长虽速，第每皮暗、鳞粗、色淡……滋鱼总以盆秧为贵"。盆鱼头宽肚方，体态丰腴；池鱼则身长体瘦，鳞粗色暗，一望便知是"坑秧子"。

二、水源与水质

饲养金鱼的水源以"取江

红白黄青紫集于一身的蝴蝶尾金鱼

湖活水为上，井水清冷者次之，必不用者，城市中河水也"。城市中的河沟多有接纳市民生活污水的功能，水质污秽，不可用于饲养金鱼。雨水也不宜饲养金鱼，"雨水性沉，日色蒸晒，必致发变"。雨水亦为生水，令金鱼不适。雨水还富含氮素，夏季一经蒸晒，容易滋生藻类并爆发性生长，对鱼苗和幼鱼尤为不利。

饲养金鱼的水源还须稳定，不可随意变换："水之甜苦却不论，总要认准一井使。水不宜常换，鱼虽微物，亦如人受惯某方水土，况鱼水中生长之物乎？往往由他处觅得数头，一经换水，必软数日，此即明验。"（《虫鱼雅集》）今天看来，此话确是至理名言。

北方养金鱼用的木海

北京四合院中饲养金鱼

三、养水与养苔

鱼谚有"养鱼先养水"之说，"养鱼之法，先讲求水之活，鱼得长生矣"。水之活，在于养水养苔。水有生熟之分，生水即井中新汲之水也，晒一两日者为熟水。新水水质生硬，令鱼不适，熟水则可滋养鱼身。金鱼不适应新水，这是因为新水之中还缺乏苔藻等有益微生物的净水作用，金鱼新陈代谢中产生的氨得不到及时有效分解，反过来又会对金鱼自身的健康形成危害。故畜养金鱼

29

红白花琉金金鱼

既要养水,还要养苔。金鱼在晾晒后的"熟水"中最感舒适,换水时将水排净,刷去盆缸内壁老化的苔藻,再用清水冲净,最后放入新水,两三天后可见盆壁内侧新生苔藻生意盎然,光合作用旺盛,水质清澈透亮,此时水已由生硬变为熟软,溶氧最为充盈,将金鱼放入盆内,排泄分泌出的废物能够得到及时有效地分解去除,但见它们神情舒畅,游动敏捷,或众鱼集于一处,频频摇摆其尾;或双双追逐嬉戏,上下活泼潜游,兴奋之状,溢于其表,亦给主人带来无限之喜悦。此一阶段,鱼缸四壁逐渐附生出如同绿色地毯般的青苔,通过它们的光合作用,氧气充足,有害废物得以分解转化,让金鱼在倍感舒适之中,进食多,生长快,色彩艳,姿态美。但是随着盆帮苔藻生长老化和水中污染物的逐步积累,水质进入老化阶段,金鱼胃口渐减并显疲倦懒散之态。随着浮游植物的增多,青苔的光合作用受到抑制,并趋于枯萎死亡,这是水质由新变老的周期过程。如果及时刷缸换水,重新晾水养苔,则又可见到金鱼恢复活泼舒畅之状态。如此循环往复,让金鱼时时处于舒适兴奋之中,又何虑金鱼不能健康生活,尽情展现它们的美丽姿色风采?

四、宽水养鱼

江南的玩家多用数只乃至数十只七石砂缸饲养金鱼,古书云"凡畜朱鱼,必要大口七石缸一只,内则放六个为式"。"石"是古代的度量单位,一石合120斤,七石大缸可以盛水八百多斤。鱼

朱砂眼黑龙睛金鱼

缸虽大,鱼却不可多养,水宽才能鱼安,一如《金鱼饲育法》所云:"寸余之鱼,每缸三十足矣,多则挤热而死,或至一头不留。渐长渐分,至二寸余,则一缸五六对。至三寸,则一缸二三对而已。然缸养如此,若庭院赏玩,则一缸一对,至多二对,始足以尽其游泳之趣,

铁包金龙睛金鱼

而观者亦可心静神逸也。"宽水养鱼才能保持充足的氧气,延缓水质污染变质,亦令金鱼有足够的生长空间。

旧时养鱼还需备有空缸,晾水待用,以供不测之需。遇有盆水严重缺氧,金鱼处于命悬一线的紧急时刻,立即将鱼倒入备用鱼缸,危机即刻得以化解,金鱼转危为安,此亦水宽鱼安之道也。

五、饵料与饲喂

"鱼虫,非雨水不生,非秽处亦不生。清水活水处无,浑水死水处有。以色红肥圆者为佳。"(《虫鱼雅集》)古代城市中的水系因为生活污水而富营养化,容易滋生红虫之类的浮游生物,所以获取金鱼饵料有就地取材之便。彼时鱼虫个体颇大,所以南宋人又称之为"虮虾儿"。捕回来的鱼虫暂养在缸内,经过清水漂洗,去其渣滓虫害,喂食时用小网捞取活虫投入鱼缸,这样金鱼一日三餐都可以吃到干净的活食。

金鱼"性嗜水中红虫,逐日取少许饲之。毋令过多,多则

鲜莹靓丽的红白花文鱼

红白花水泡眼金鱼　　　　　　　　　　　红水泡金鱼

腹胀至毙"且败坏水质;"亦毋令缺,缺则鱼不丰美"。因此育养金鱼必须掌握饵料投喂技能,需要综合季节、天气、水质和金鱼的生理状况等确定饲饵的时辰和数量。

金鱼贪食红虫,饱食之后,如遇氧气不足或水质污秽恶化,容易腹胀撑死或罹患疾病。所以喂饵需根据季节、天气、水温、水质、鱼之食欲按照定时、定质、定量的原则灵活掌握饲料投喂量。《金鱼饲育法》曰:"喂虫必须清早,至晚令其食尽。如有未尽者及缸底死虫,晚间打净,则夜间水静鱼安。"

"此鱼性极灵慧,调驯易熟。每饲食时,拍手缸上,两月后,鱼闻拍手声则向人奔跃。或呼名即上者,其法亦然。"古人饲养金鱼,还特别注重"食化"。所谓"食化",即喂饵时先给金鱼以信号,如敲击缸壁等,数日以后金鱼会形成条件反射,一俟信号出现,金鱼便兴奋地迎向主人讨食。通过"食化",既能观察金鱼的健康状况,又得赏玩互动之趣。

六、打皮与清底

在阳光充足,水温较高的一段时间,沉于水底的残饵粪便等污秽之物会因为气泡的浮力上升到水面,夜晚又沉降于水底,污染水质,并与金鱼争夺氧气,还有碍观赏。"打皮"就是中午或下午用竹竿将漂于水面的浮苔藻沫、残花枯叶、虫尸鱼粪赶往一处,用短把布抄网捞净,"使鱼得豁朗之气,自然精神欢跃矣"。"打皮"亦称"掀蓬",方法虽简单,却也是春夏季节保持良好水质的日常管理工作之一。

《朱砂鱼谱》曰:"换水一两日后,底积垢腻。宜用湘竹一段作吸水筒,时时吸去之,庶无尘俗气。倘过时不吸,色便不鲜美。故吸垢之法,尤为枢要焉。或曰:投田螺两三枚收其垢腻,亦可。"清除盆底粪便残饵最为简便的是利用虹吸的方法将其吸出,古代用竹管一点一点将污垢吸去,这在今人看来颇为费时费力,但是在没有柔软的橡胶管的年代只能如此为之。用竹管吸污的具体做法是：将竹管中的结节打通，用手握住竹管上口，拇指捏紧管口，竹管下口插入水中污垢时，松开拇指，污垢在水的压力之下进入竹管，再用拇指压紧管口并提起竹管，将污垢移出。每天傍晚前须将盆底的粪便残饵吸出，为金鱼安全过夜创造条件。

翩然起舞的红白花绒球金鱼

七石大缸换水时颇为费时费力，打皮清底可以延缓换水周期，减轻养鱼的劳作之苦。

七、换水与供氧

金鱼喜洁恶秽，但因畜于盆缸之中，残饵粪便，致水污秽腥臭，故需适时换水。换水之法，特有讲究，四季冷暖，阴晴雨雪，换水之法皆各有不同。这是因为金鱼需要洁净而又稳定的生活环境，"鱼虽微物，亦如人受惯某方水土……"水土不服，自然身体不适，致病害趁虚而入。

育养金鱼首先必须掌握调控水质的技能。调控水质既为金鱼清洁生活环境，更是为了培育苔藻等净水生物，有苔藻方能保持水不腥臭。净水生物既为金鱼净化生活环境，又为金鱼呼吸制造氧气，但是它们在"暗呼吸"的过程中也需要消耗氧气，成为消耗氧气的竞争者，它们死亡后又成为污染源。所以水质调控也就是围绕如何兴利除弊，谋求生态平衡的过程。

古人在调节养鱼水质方面有丰富经验。《金鱼饲育法》云："撤换之法，先用倒流吸筒，吸出缸底泥渣，添入新汲井水。如盛五担之缸，每日撤换一担，视缸之大小，以此类推。"此法今人谓之"套水"或"兑水"，

瑾妃在宫女的陪侍下观看金鱼

33

清代《芥子园画谱》·小儿观鱼图

春秋之际多用此法调节水质,以求洁净水质与环境的平衡稳定。夏季暑热,水宜勤换,"夏秋暑热时,须隔日一换水,则鱼不郁蒸而易大。若天欲雨,则缸底水热而有秽气,鱼必浮出水面换气急,宜换水。或鱼翻白及水泛,水更宜频换,迟换鱼则伤"。水质转化的周期随着水温的高低而长短不同,所以刷缸换水须根据四时季节适时调整。

过去养鱼没有增氧设备,氧气的供需平衡只有采取综合的方法给予解决。氧气是维持金鱼生命的第一要素,因此必须想尽一切办法为金鱼解决呼吸之氧气。若因缺氧而致金鱼一命呜呼,其他一切均成徒劳。饲养金鱼的管理措施,包括控制饲养密度,控制喂饵,晾水养苔,打皮清底,套水换水,总之所做之一切,都是围绕水中有足够维持金鱼生命健康的氧气。

八、花荫防热毒

金鱼尾鳍宽大,夏季烈日之下,水中苔藻光合作用旺盛,制造出大量氧气并形成气泡渗入到金鱼的鳍条之中,"每过晒则生水泡满身",形成所谓"烫尾"(即气泡病)。故夏月伏暑之时,中午前后须将鱼盆置于树荫之下,谓之"花荫",或以苇帘、布幔遮搭于鱼盆之上,降低苔藻的光合作用,亦使金鱼免受日炙热毒之苦。"不然,一经烈日,则缸中之水热如沸汤,鱼之不毙者寡矣"。

九、选种与配种

人类针对动植物的育种历史,首先应用的育种方法就是人工选择育种,即利用染色体的自然突变,通过育种对象的表现型值进行有意识的人工选育。金鱼品种的育成是人工选择育种的结果,金鱼每一个品种特征从初始

胸鳍有锯齿状的"追星"

变异直至完美展现，都经历了漫长的人工选择育种过程。

古人云："欲求好秧，全在老鱼有材，出子必佳。"做种之鱼必优中选优，择形体丰满，色彩艳丽，品种特征优秀且首、身、尾比例匀称之个体。比如龙睛金鱼"凡短嘴，方头，尾长，身软，眼如铜铃，背如龙脊，皆佳种也。又有身圆如蛋，游泳多仰于水面，名蛋种，尤佳"。年

红色头冠的樱花高头金鱼

复一年坚持不懈地从畜养鱼群中选拔佳品和异种繁殖后代，是金鱼品种培育成功的关键因素。

为了培育名种或新种，还须掌握金鱼的育种技术。"鱼不可乱养，必须分隔清楚。"如"黑龙睛不可见红鱼，见则异变。翠鱼尤须分避黑白红三色串秧，花鱼亦然。红鱼见各色鱼，则亦串花矣。蛋鱼、文鱼、龙睛尤不可同缸。各色分缸，各种异地……""养鱼一诀，各归各盆。……若相掺杂，种类不分，即或出子，必难成文。"这些都是先人在金鱼培育过程中总结的经验。金鱼品种繁多，交配不可相互掺杂，否则后代品种杂乱，失去观赏价值，如文种和蛋种金鱼尤不可混杂。

红色头冠的五彩高头金鱼

配种须分辨并配定雌雄，"前两分水有疙瘩（瘩），粗硬涩手者雄，否则为雌。""近尾下腹大而垂者为雌，小而收者为雄……此秘法也。"这些都是古代判别雌雄金鱼的方法。一缸之中"雄鱼多则伤雌鱼，无雄则雌或胀死。雄鱼须择佳品，与雌鱼色类大小相伴称，则生子天全而性纯"。用二尾雄鱼配一尾雌鱼，"恐一尾雄鱼追赶不力也"，一雌配二雄可以提高产卵受精率。

清道光·粉彩双红龙纹鱼盆

十、散籽与晒籽

金鱼产卵俗称"散籽",孵化鱼苗俗称"晒籽"。每年四五月间,正是"朱砂鱼散子之候"。须择洁净水藻,养于清水缸中数日,拣净野杂鱼卵和其他杂物,取二三十根为一束,用细线扎定根部成草把,并在根部缚以小石块,置于盆中以待金鱼散籽。

若天欲作变,"凡雄鱼赶咬雌鱼之腹,雌鱼急穿若逃遁状,即咬子之候"。可将雌雄金鱼移入事先准备好的产卵盆,或将草把放入原盆内,观其产卵。伺其既散,将草把另置于鱼盆中晒之。

红虎头金鱼

五彩虎头金鱼

宽尾狮头金鱼

"子一甩出,形如黄米粒大小,色白而有光,原盆放之勿动。天寒,夜间搭以苇帘。遇大风雨,须遮盖。尤怕雷震。"两三日后观察鱼籽则见"其中生意动焉。再二三日,忽然(鱼卵)不见,是脱去皮壳,小鱼出也。……着眼细看,底上则细细一层,形如剃下发丝一般"。刚出世的鱼苗体力微弱,不可随意翻动草把,更不能摇动鱼盆,"若一摇动,重则伤损,轻则鱼身歪闪,即使养成,亦多不佳"。

十一、育苗与选苗

鱼苗既出,"用熟鸡鸭子黄煮老,废纸压去油,晒干捻细饲之"。蛋黄撒在水中,虽"不见其食,但隔时一看,鱼肚尽透黄矣。再逾数日,便出尾长出分水,渐之破肚生肠。此数日内,若遇风雨过寒,须搭盖俱到。……自破其肚后生肠胃,重新长严,名为封肚。既封肚后观之,居然鱼形也,便可兼喂虫食。"过去将鱼苗的生长发育分为破肚、封肚和挂肚等过程。刚孵出的鱼苗,消化道尚处于发育的初始

37

清乾隆·透明玻璃画珐琅鱼盆

蝴蝶尾金鱼

阶段。因体壁极薄而透明,故腹腔内肠管的生长发育过程清晰可见。随着消化器官发育增长增粗,乍一看红色的内脏如同长于体外,故有"破肚生肠"之说。随着鱼苗的生长,腹壁逐渐增厚以及体表色素的出现,腹腔内红色的内脏亦渐渐隐去,故又有所谓"封肚"之说。鱼苗在"封肚"之前最为娇嫩,管理需格外细心。

"挂肚"即腹腔显膨大下坠之态也。是因为随着消化器官的完善和消化功能的增强以及营养物质的积累,鱼苗腹部开始膨大,此时的鱼苗食量大增,生长发育最快。

幼鱼长至寸许,即宜分缸。金鱼乃"鱼中异种,工夫虽到,出鱼时,一盆中每每有材者少,无材者多,而出长必是无材者速,有材者慢。倘工夫略欠,定然无材者妥,有材者损伤……"同窝金鱼中,符合商品要求的往往不足三分之二,所以从幼鱼到成鱼需经过多次选择,根据各品种性状特征要求不断剔除残次个体。"养朱砂鱼,亦犹国家用材然,蓄类贵广而选择贵精。"此外,还须定期将金鱼按大、中、小规格分缸饲养。古人云:"鱼出子时,盈千累万,至成形后,全在挑选。于万中选千,千中选百,百里拔十,方能得出色上好者。"若要养出有欣赏价值的金鱼,必须掌握选种技术,古人谓之"相品"。选鱼之法:"先将大白碗挽清水八分,将软绢作平底之兜,抄起放于碗中,视其身段嘴鳃尾管可畜者。将水徐徐倒去留分许,只鱼侧于碗中,以好视其背之平直而无凹凸耳。如有凹凸,则易见耳。"这是古代选择蛋种金鱼的方法。

十二、防病与疗疾

金鱼畜养于盆缸等小水体之中,空间狭窄,一旦气候、水质有变,病害便兴风作浪,致鱼相互感染,一旦得病,即便治愈,轻则鱼受

蝴蝶尾金鱼

金鱼文化艺术欣赏

JIN YU WEN HUA YI SHU XIN SHANG

蝴蝶尾金鱼

伤害，重则蒙受损失。所以平时注意观察，及早发现，及早治疗是为上策。养鱼"全在手勤，早晚着眼，窥视宜频。收什一切，务要清新。鱼得自在，必然超群"。春秋两季，宜减少投喂和换水，定期有针对性地用石灰水、枫杨树枝叶、楝树果、三黄粉、食盐、尿砖等预防控制各类疾病。

农耕时代，自然水域几乎没有化学污染，更不像现代落下的都是酸雨，据养鱼前辈回忆，过去金鱼病害较少，治疗方法也比较简便，一如《金鱼图谱》所云："芭蕉根或叶捣烂投水中，可治鱼火毒。如鱼瘦而生白点者名鱼虱，亟投以枫树皮或白杨皮自愈。黄梅中秋时，雨水连绵，乍寒乍热，鱼每生红癫、白癫。治法用水纱布做展翅，置鱼其上，以苦卤点之，一日三次即愈。"

金鱼培育技艺是我国人民辛勤劳动和聪明智慧的结晶，在中国古代农耕文明史中占有一席之地。我国素称文化之邦，各类文化遗产不尽其数，金鱼及其培育技艺当属其中之一。

蝴蝶尾金鱼

第二章　人文底蕴

　　金鱼与人们的物质生活和文化生活关系甚为密切,是一个具有多重普世价值的文化艺术产品。金鱼及其培育技艺不仅蕴含着丰富的历史文化信息,其重要的美学价值、人文价值、科学价值和经济价值对于当今社会经济建设和文化建设仍然发挥着重要作用,实乃中华民族世世代代传承至今的文化遗产之瑰宝。

金鱼与民俗文化

　　饲养金鱼不仅给人们带来美好的视觉享受和心情愉悦,传统的民俗文化思想观念和蕴含其中的人文价值意义也通过世代相承沿袭至今。

　　早在远古时代,鱼既是人们的渔猎对象和重要的食物来源,也是神话传说中被人们视为能够应验吉兆的祥瑞之物。"鲤鱼跳龙门"是家喻户晓的典故,古代传说黄河鲤鱼跳过龙门就会变化成龙,如《埤雅·释鱼》:"俗说鱼跃龙门,过而为龙,唯鲤或然。"又《三秦记》载:"龙门山,在河东界。禹凿山断门阔一里余。黄河自中流下,两岸不通车马。每岁季春,有黄鲤鱼,自海及诸川争来赴之。一岁中,登龙门者,不过七十二。初登龙门,即有云雨随之,天火自后烧

剪纸·鲤鱼跳龙门

其尾,遂化为龙矣。"旧时人们以"鲤鱼跳龙门"比喻读书人科举得中、金榜题名、升官晋爵、飞黄腾达,也有对锲而不舍精神的赞扬,近代则寓意"步步高升,事业有成"和"理想变为现实"等命运的转折。

鱼也是佛门之中的吉祥灵异之物,自古就是人们的放生对象。鱼的形状还被雕刻成法器,例如僧尼诵经时使用的"木鱼",据说敲击"木鱼"不仅声音清脆悦耳,而且祈福灵验,可护佑众生,辟邪消灾。金鱼与法螺、法轮、宝伞、莲花、宝瓶等并称佛家八宝,被视为坚韧、活泼、解脱、攘劫之物。

鱼与"余"谐音,民俗文化中以"鱼"表示"年年有余",所以鱼又被广泛用作各类民俗文化的载体。如逢年过节,婚嫁喜庆,盖屋上梁,乔迁之喜等喜庆之日,鱼都是人们必须置备的吉利物品。

年画·年年有余

饮食文化中,鱼作为最后一道主菜,也是祈福"年年有余"之意。

鱼是多子的水生动物,怀卵量大,繁殖力强,自古就是人们祈求多子多福、人丁兴旺的寄愿之物,金鱼更是以其特殊的美学价值被广泛应用于年画、雕刻、刺绣、彩绘等各类工艺。古代的服饰、家具、瓷器、门窗上的雕饰、壁画上的彩绘,金鱼的美丽形象在人们的生活中可以说是无处不在,将抽象的寓意以富有艺术美感的金鱼来表现,既体现了传统审美艺术的表现力,也体现了传统人文思想的文化力。收藏家有一块明代成化年间烧制的碗底瓷片,碗底正面

古代床架上的木雕·寄寓多子多福

年画·金玉满堂

明代的碗底瓷片

绘有一条红色的金鱼，背面有"大明成化年制"字样。画中的金鱼短身、宽腹、双尾，印证了金鱼在家化过程中形态逐渐由原始向艺术化演变的过程。将金鱼绘制到日用瓷器上，增添了艺术色彩，还寄寓了人们对丰衣足食、年年有余的美好愿望。

金鱼的谐音取"金余"或"金玉"，所以金鱼除供观赏，更有吉祥的寓意。中国传统文化中，称女儿为"千金"，男儿则视为"宝玉"，所以厅堂之中饲养一缸金鱼是为"金玉满堂"之意，寄寓了儿孙满堂，家庭美满的美好愿景。有些金鱼品种还被人们赋予了特殊的寓意：鹤顶红金鱼意为"鸿运当头""鸿运高照"，紫身金鱼意蕴着"紫气东来"，一身赤袍的红狮金鱼给人以"红红火火，欣欣向荣"的吉庆感觉，如此等等，不一而足。所以自古以来，无论居家或者商铺，都喜好以饲养金鱼表达对富贵喜庆、家族兴旺、吉祥如意的

木雕·鱼水之欢 幸福美满

祈盼。每逢重要节日或遇喜庆，人们往往会从集市庙会、水族市场买回金鱼，增添欢庆的氛围，也给全家带来饲养金鱼的乐趣与对未来的祈福。中秋节、元旦、春节都是民俗传统中最重要的节日，也成为金鱼的旺销季节。门上贴一对"岁岁进元宝，年年有金余"的大红对联，窗棂糊上象征幸福吉祥的金鱼剪纸窗花，桌几上摆放一盆锦鳞闪耀、活泼灵动、象征"金玉满堂"的金鱼，在讨得口彩之时，寄托着人们对幸福美满生活的期盼。

金鱼与艺术文化

金鱼是中华文明成果中的灿烂奇葩，金鱼给人们带来灵动至美的视觉享受，它的美学价值和艺术价值又与多种文化艺术形态有着密切的关联，并且成为文化艺术的一个组成部分。金鱼的文化艺术形态从一个侧面反映了人们高雅的审美情趣和文化追求，由金鱼产生的金鱼文化受到广大人民的喜爱和欢迎。

一、金鱼与传统工艺文化

金鱼历来都是我国传统文化工艺如瓷器、漆器、刺绣、绘画、剪纸、灯彩、各类雕刻等艺术创作的素材，工艺大师们运用不同的艺术形态对金鱼的艺术形象加工展示，让人们从中得到美的享受。

金鱼出现在各个时代瓷器的装饰图案上，增加了生动活泼的生活气息和艺术气息，当然也蕴涵着丰富的民俗文化观念。清代上层社会流行闻吸鼻烟，于是金鱼多见于各类鼻烟壶，将金鱼娇小秀雅、五彩缤纷的美丽形象与高超的内画艺术完美结合，达到珠联璧合、相得益彰的艺术效果，使得鼻烟壶不仅实用，也成为人们欣赏把玩和收藏的精美艺术品。

清代的瓷器制作技艺达到了新的高度，开光四系转心吊瓶为乾隆年代制作，工艺精湛、创意独特，体现了高超的制瓷技巧。瓷瓶有内外两层，外瓶为青花瓷吊瓶，绘有变形蕉叶、莲瓣纹、缠枝十字纹、双蝶花卉纹等，四面设海棠花形开光；内瓶为斗彩鱼藻花卉纹转心瓶，在外瓶开光的相应位置分别绘有形态各异、栩栩如生的彩色金鱼，并以符

鼻烟壶·玻璃内画鱼藻图

清乾隆·青花转心吊瓶　　　　　　　工艺精美的吊链白玉瓶·连年有余

藻莲花作为衬景。人们既可以从不同的角度去欣赏吊瓶上各具姿态的游鱼,也可以转动内瓶,透过开光欣赏金鱼嬉游于水草之中。台北"故宫博物馆"也典藏一对乾隆年代的雾青描金游鱼转心瓶,三百多年以前有如此独具匠心并且工艺精美的杰作,自然会成为皇家收藏的传世之宝。

　金鱼也是古今漆器和玉器制作的艺术题材。"金玉满堂"是扬州漆器中常见的工艺品,姿态各异、银光闪闪的金鱼以及水藻都是用珍珠贝和夜光螺的贝壳磨制成薄如蝉翼、细若游丝的螺片,再用特制的工具嵌入漆胎,经反复上漆研磨而成。精致秀雅、平滑如镜、光可鉴人、寓意美好的漆器成为人们百看不厌的案头摆件。

　玉雕工匠们依材施艺,常常巧妙地利用玉石的色彩差异,通过艺术的构思设计和精湛的雕琢技艺,将金鱼生动形象地雕刻在石材上,使作品达到天然成趣、点石成金的艺术效果。右上图一件吊链白玉瓶就是巧妙地利用白玉局部红色的玉皮,雕琢成红白相间、栩栩如生

扬州漆器·金玉满堂

的金鱼并衬托以荷花、水藻等,使作品表现出立意高雅、图案生动、色彩秀美、雕琢精致,演绎出人工与自然完美结合的工艺效果。

水晶、寿山石、田黄石等各类珍贵的石材也都将形态美丽的金鱼作为艺术创作的题材,不仅有艺术价值,也传承着中华民族的传统文化。

金鱼小巧玲珑,柔美灵动,富于艺术的美感,所以剪纸艺人也喜欢在剪刻创作中以金鱼来表现作品的艺术感染力。在他们的巧手之下,千姿百态的金

扬州剪纸·金玉满堂

鱼剪纸精致优美,令人称绝。同样是以金鱼为题材的剪纸艺术,还呈现出南北不同的文化艺术风格,南方剪纸艺术以纤丽婉约、柔美细腻见长,北方剪纸则雄浑粗犷,透出浓郁的民俗情趣。

放风筝是人们回归自然、踏青健身的传统娱乐活动,金鱼也成为艺人们制作风筝的常用题材,金鱼风筝放飞在蓝天,碧空如海,鱼游当空,放飞着人们对美好前程的向往。北京的哈氏风筝在北方享有盛名,讲究着色艳丽,对称平稳,金鱼风筝是其代表作品之一,哈氏金鱼风筝的两只大眼睛造型特别生动,蝴蝶一样的鱼尾飘飞在

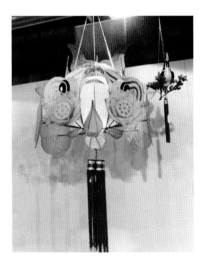

天空柔美动人,深受中外风筝爱好者的喜爱。天津的"风

哈氏金鱼风筝

筝魏"也擅于扎制"凤尾龙睛"金鱼风筝,风筝用丝绢绸布裱糊,图案线条简练夸张,色彩艳丽,富有民族特色。在"世界风筝之都"潍坊,金鱼风筝被归为"水族风筝"一类,并以造型生动优美、绘色艳丽、起飞灵活著称。

灯彩中也有金鱼的形象,常见的有纸扎金鱼灯、绢制金鱼灯、琉璃纸金鱼灯等。还有艺人将声、光、电运用于灯彩,扎成的金鱼灯彩富有夸张的艺

扬州灯彩

锦鳞夺目·红白花玉面绒球金鱼

术表现力,鳞片闪闪发光,嘴里还吐出明亮的水泡,两只大眼睛一闪一闪,身后款款摆动着长长的凤尾。

金鱼的娇姿淑态还常常出现在刺绣艺术品中,无论是苏绣、扬绣、湘绣、蜀绣,刺绣手法之细腻自不必说,而由于丝线质感绵软,光泽柔和,使刺绣艺术品中的金鱼更显得温婉柔媚、风姿绰约。

金鱼还是厨艺的常用题材,高明的厨师运用各种食材,巧施雕刻、捏制、拼配之技,在菜品、面点中塑造出五颜六色、姿态各异的金鱼形象,让人们在品尝美食的同时,又添赏心悦目的艺术享受。

扬州刺绣

二、金鱼与文学创作

金鱼作为文学创作的艺术形态最初是出现在诗词中。自北宋诗人苏舜钦和苏东坡在诗词中涉及到金鱼以后,随着畜养金鱼的普及,以金鱼为艺术题材的诗词也大量出现,如清代词人陈维崧以词牌《鱼游春水》吟咏金鱼的词即多达三四首,其中一首《鱼游春水·咏金鱼》写得颇具情趣:

飞红盈盈起,跌下铜沟深半指。一湖苦乳,染就鲤鱼猩尾。浅贮空明翡翠瓶,小唼瀺灂桃花水。蹙锦裁斑,将霞漾绮。

妆阁临流徙倚,笑语纷纷垂杨涘。来往破藻穿苹,披兰拂芷。似分醉靥素鳞上,误唾红绒银塘里。微风差差,绿波漾漾。

扬州菜肴·鸿运高照拼盘

诗词中描写一群凭栏倚阁、脸上泛着微微醉意的少女，笑语纷纷地欣赏和戏耍池塘中的金鱼。池边垂杨绿柳，桃红掩映，一泓春水中"飞红盈盈，将霞漾绮"，金鱼是否也分得了少女脸上红霞般的醉靥？它们嬉戏穿梭于萍藻之间，不时地仰头轻唼飘落在水面上的瓣瓣桃花，时有丝丝微风吹过，水面泛起粼粼春波。如诗如画的春景，让诗人和读者都分外感到心旷神怡。

五岁能作诗，六岁通声韵并工属对，十岁作《武侯论》的清代诗人查慎行一首《惜红衣·金鱼》也写得生趣盎然：

瑶瓮盛苗，银床转水，十分爱养。日日来看，问甚时才长。红鳞欲透，渐小队，尾株分样两两。净绿涵空，足庭阶清赏。

美人闲想，竹叶为船，吹风戏来往。镜光忽皱，牵动檐蛛网。恰是一群惊避，没处几痕圆浪。待縠纹细细，又唼丝萍叶上。

几痕圆浪

诗人将培育鱼苗的瓦盆比作"瑶瓮"，将畜养金鱼的水池比作"银床"，对亲手培育的金鱼自然是十分地喜爱，每日驻足庭阶欣赏红鳞欲透、结队成群的金鱼，盼望着它们在清流碧水中快乐地成长，此时此刻诗人的心境就像"净绿涵空"般地清静。词的下半阕对景物的观察描述也堪称精细入微：飘落在水面上的竹叶如一叶扁舟，被微风戏得来来往往。忽隐忽现于荇藻之中的一群金鱼也受此惊扰，引得"镜光忽皱"，泛起"几痕圆浪"，还牵动了映在水中的那张挂在檐牖间的蛛网。待水波渐渐平息，诗人在遐想中又开始听到萍叶间金鱼的唼喋之声。

明代作家吴承恩在《西游记》第四十八回和第四十九回中写了一段唐僧师徒在八百里通天河与一个"口咬一枝青嫩藻，手拿九瓣赤铜锤"的金鱼妖精斗智斗勇的故事，唐僧一度被掳，差点成了妖精的腹中之物，后来还是悟空请来南海观音降服妖精，救出师傅。书中有一段擒获金鱼妖精的精采描写：

菩萨即解下一根束袄的丝绦，将篮儿拴定，提着丝绦，半踏云彩，抛在河中，往上溜头扯着，口念颂子道："死的去，活的住！死的去，活的住！"念了七遍，提起篮儿，但见那篮里亮灼灼一尾金鱼，还斩（眨）眼动鳞。菩萨叫："悟空，快下水救你师父耶。"行者道："未曾拿住妖邪，如何救得师父？"

金鱼之美

菩萨道："这篮儿里不是？"八戒与沙僧拜问道："这鱼儿怎生有那等手段？"菩萨道："他本是我莲花池里养大的金鱼。每日浮头听经，修成手段。那一柄九瓣铜锤，乃是一枝未开的菡萏，被它运炼成兵。不知是那一日，海潮泛涨，走到此间。我今早扶栏看花，却不见这厮出拜。掐指巡纹，算着他在此成精，害你师父，故此未及梳妆，运神功，织个竹篮儿擒他。

吴承恩（约 1500~1582）生活在明代嘉靖万历年间，正是金鱼风靡江南之际，作者将金鱼描写成通天河中呼风唤雨、翻江倒海的妖精，并成为唐僧西行取经途中的一难。"亮灼灼"的金鱼何以能够修炼成精？就是因为它坚持"每日浮头听经"，它使的一柄九瓣铜锤兵器也竟然是一株含苞待放的莲花，当它被观音菩萨用竹篮舀住时，还不停地"斩眼动鳞"，美丽的金鱼在作者笔下活泼生动并充满了艺术情趣，作者丰富的想象力和充满浪漫主义的文笔让人叹服。

俄国著名诗人普希金也以金鱼为创作元素，编写了叙事童话长诗《渔夫和金鱼的故事》，至今仍然是世界各地少年儿童喜爱的经典名著之一。童话讽刺渔夫的老太婆因为贪婪丑恶，终于失去了美丽善良的小金鱼给予的荣华富贵，又回到破旧的小屋里过着穷苦的生活。外国诗人将中国金鱼作为童话里的重要角色，当然是因为金鱼美丽可爱的形象和广受欢迎的影响。

近代著名的鸳鸯蝴蝶派作家周瘦鹃先生也是一位金鱼培育家，早在上世纪 30 年代初，家中即育有金鱼 200 余尾，品种亦多达 30 余个。他曾经写了颇富情趣的散文《金鱼话》上下篇来记述他养金鱼的乐趣："在水族中，我就最爱金鱼，金鱼之美，简直与美人有同等的魔力，可以使你迷惑，使你颠倒。"并在文中附绝句五首，其中二首写道：

靓装浓黛裹头红

逍遥自在水晶宫

小石粼粼响素波,红鱼泼刺唼青荷。
分明一派登高水,流入于阗绿玉河。

枣花帘底漾文鱼,春到江南二月余。
正是寻芳风日好,玉楼人倦午晴初。

现代著名文学家邓拓也有一首七律诗歌咏金
鱼:

靓妆浓黛裹头红,绝色天成感化工。
婀娜岂为仙子病? 逍遥自在水晶宫。
鲸鲵莫笑安盆沼,鼎鼎无缘问玉躬。
纵有飞象来丙穴,金鱼何必变神龙。

诗词不仅辞藻优美,作者似乎也在托物言志,
表达自己对现实社会的思考:上世纪五六十年代,
"左倾"思想泛滥,政治运动频繁,很多知识分子遭
受歧视打击甚至迫害,所以诗中是否也表达了作者
对政治形势的困惑以及无可奈何的矛盾心态?

三、金鱼与绘画艺术

金鱼在画家的笔下更是多姿多彩,清末著名

清虚谷·古松金鱼

49

汪亚尘·鱼乐

画家如天津的梅振瀛、扬州的虚谷等都特别擅长以金鱼入画,必然是在长期观赏金鱼中获得了创作灵感。近现代绘画大师如齐白石、吴作人、刘奎龄、汪亚尘、赵少昂、凌虚等也都有金鱼绘画传世,他们善于应用水墨,常常寥寥数笔就使金鱼美丽灵动的形象跃然纸上。敬爱的周总理生前曾经充满深情的嘱咐:"中国金鱼至美,为和平、友好、团结之象征,画家宜多画。"

人们将邮票誉为"国家的名片",方寸之间展示了民族文化的精华。1960年我国发行了特种邮票《金鱼》,由著名邮票设计家孙传哲、刘硕仁设计。12枚邮票上有翻鳃绒球、黑背龙睛、水泡眼、红虎头等,均为我国名贵的金鱼品种。该套邮票发行量达到400万套,因其唯美的艺术价值一直以来受到人们的喜爱并成为集邮爱好者收藏的珍品,1980年该套邮票还被评为"建国30周年最佳邮票"。

金鱼奇异华美的外表还经常被移植于中华神兽的艺术创作。龙和麒麟的艺术形象经过数千年的流变,已成为中华文化中最具代表性的瑞兽造像。龙是中华文化中排位第一的神异动物,龙被赋予了上天入海、叱咤风云的神性,成为中华民族和传统文化

邮票中的金鱼

的图腾。龙的外形最富于中华传统文化的艺术文彩,它集狮、虎、牛、马、鹿、蟒、鹰等九种祥瑞动物之精华于一身,既写实又艺术夸张,高度美化并神化后的艺术形象甚至是代表了皇权统治并成为封建朝廷专用的图案。龙的图案中龙睛、鳞甲以及龙尾均采撷于金鱼,使龙威严之中体现出灵秀,神奇之中折射出华美的艺术风采。

龙的艺术图案

金鱼不仅作为艺术形象受到人们喜爱和欣赏,清代还有人训练金鱼表演杂技节目,徐珂在《清稗类钞·戏剧类》中就记载了"金鱼排队"的训练方法:

> 有畜金鱼者,分红白二种,贮于一缸,以红白二旗引之。先摇红旗,则红者随旗往来游溯,疾转疾随,缓转缓随。旗收,则鱼皆潜伏。白亦如之。再以二旗并竖,则红白错综旋转,前后间杂,有如走阵者然。久之,以二旗分为二处,则红者随红旗而仍为红队,白者随白旗而仍归白队,是曰"金鱼排队"。

时至当代,金鱼早已进入千家万户,成为人见人爱的宠物,成为我们日常生活的一个组成部分,并从文学、影视、美术、工艺、民俗等许多方面不断影响和美化着我们的生活。金鱼及其培育技艺是我国文化遗产中的瑰宝,值得我们去继续发扬先民的创造精神,为培殖更多更美的金鱼而努力。

金鱼与科学文化

金鱼在生物学研究方面有其重要的科学价值。形态特征的多样性和数以百计的品种,使金鱼的变异和遗传蕴涵着丰富的科学知识,成为遗传育种和教学研究的重要对象,也是面向青少年进行科普宣传教育的生动教材。金鱼品种繁多而且外形特征非常显著,基因变异和遗传易于识别区分;产卵多繁殖率高,便于进行遗传实验的数理统计和分析;金鱼体外受精,品种杂交和人工控制相对简易;精卵容易获得,鱼苗孵化培育相对简单,实验操作方便。因此,金鱼是非常理想的遗传育种实验材料。

被誉为"金鱼博士"的陈桢教授

了解和研究金鱼就不得不提到我国著名科学家陈桢教授。陈桢(1894~1957),江苏扬州人,著名动物学家和遗传学家,作为我国现代遗传学奠基者之一,1943年当选为中国动物学会会长,1947年被聘为联合国教科文组织中国委员会第一届委员;1948年当选为中研院院士,1955年当选中科院学部委员。

陈桢1919~1922年赴美留学,师从发现染色体遗传机制并创立染色体遗传理论的"遗传学之父"摩尔根,进行现代遗传学理论和生物实验技术的研究。学成回国后怀着科学救国的信念和抱负,毅然投入到教书育人,传播科学的伟大事业,先后在清华、西南联大、北大等多所高校任教,著名生物学家吴征镒、王志均、刘曾复等均师出陈桢门下。旧中国积贫积弱,现代遗传学更是一片空白,陈桢在极其艰难的条件下,因陋就简并就地取材,亲自建立鱼场饲养金鱼,以中国金鱼作为遗传学研究和教学的实验材料,开拓了一条独具特色并具创新意义的中国遗传学研究途径。

他根据孟德尔–摩尔根的遗传学理论,并以大量的实验研究成果,进一步证明了孟德尔遗传规律在生物界的普遍意义，被国内外学者推崇为鱼类遗传学研究之先驱。例如1928年他在《透明和五花，一例金鱼的孟德尔遗传》论文中用充分的实验数据证明了金鱼的透明鳞决定于纯合的突变基因型，正常鳞决定于纯合的隐性基因型，五花鳞为杂合的基因型。在《金鱼蓝色和紫色的遗传》中他又证明了金鱼的蓝色鳞片决定于一对纯合的隐性基因，紫色决定于四对纯合的隐性基因，经紫、蓝金鱼杂交产生的紫蓝色金鱼则是五对隐性基因的纯合体，而且是一个不再分离的品种。陈桢教授关于金鱼性状遗传的研究方法和成果，至今仍然是大学和中学遗传学教学中的经典实验，对育种实践具有现实的指导意义。

紫色的蝴蝶尾金鱼

蓝色的蝴蝶尾金鱼

陈桢还从我国浩瀚的文史宝库中发掘关于金鱼的史料，结合生物遗传学实验，1925年发表了"金鱼外形的变异"，以大量的史实和实验成果，论证了金鱼是从野生鲫鱼经过家化而形成的，世界各地的金鱼都是从我国引进的。该论文被誉为鱼类变异研究的经典论文，是中国遗传学最早的研究成果。

陈桢以中国金鱼为研究实验对象，进行了长达三十多年的金鱼起源和演化，变异和遗传等方面的系统研究，后人将他发表的十多篇重要论文汇集于他的代表性著作《金鱼的家化与变异》一书，成为遗传学研究领域中的经典文献。其

紫蓝花蝴蝶尾金鱼

透明鳞五花金鱼

53

中《金鱼家化史与品种形成的因素》考证并征引了70多部有关史料和科研成果,至今仍被奉为研究金鱼家化历史的经典权威之作。

世界著名生物学家林奈是近现代生物分类方法的奠基人,在其名著《自然系统》(1758年)中将中国金鱼作为研究鲫鱼的模式标本。

英国生物学家、进化论的奠基人达尔文在《物

林奈绘金鱼模式图
1740年在瑞典皇家科学院杂志第一期发表

种起源》《动物和植物在家养下的变异》等著作中,也以中国金鱼为例证,证明他的物种进化论学说。

我国著名实验胚胎学家童第周等以金鱼作为实验对象,进行细胞质与细胞核的遗传学研究,1961年金鱼细胞核移植实验在世界率先获得成功,在胚胎发育生物学和分子遗传学方面取得了开拓性的研究成果。以后我国又有多位科学家以金鱼为材料,进行染色体工程和转基因工程的实验研究。赵朴初先生曾应童第周教授嘱题吴作人画《金鱼图》赋诗一首:

异种何来首尾殊?画师笑答是童鱼。
他年破壁飞腾去,驱遣风雷不怪渠。
变化鱼龙理可知,手提造化出神奇。
……

吴作人水墨画·年年有余

红白花水泡金鱼

鳞片银白色,胸鳍、腹鳍以及口、
眼都有红色的狮子头金鱼

金鱼品种繁多,根据北京自然博物馆王鸿媛统计,我国有记录的金鱼品种已达500余种。也有人估算,利用金鱼所表现出的主要品种特征进行各项组合,理论上金鱼的品种甚至可以超过上万种,说明金鱼的遗传和变异是一门内容十分浩瀚、学问非常深奥而又难以穷尽的生物类学科。

金鱼的生产管理技术性强,操作精细,所以金鱼培育技艺不仅对动物遗传育种学科的发展有重要贡献,对其他水生动物饲养技术也有非常积极的借鉴意义。

55

经世致用

与其他文化艺术产品一样,金鱼也有其"经世致用"的商品属性。早在南宋,杭州城外就有了专事金鱼的"鱼儿活",他们繁殖、培育金鱼"入城货卖",还捕捞河沟中的鱼虫供豪贵府第畜养金鱼,以此赚取养家糊口的收入。

明清时代,社会已对金鱼有更多的需求,因此多有以畜鱼为业的世家,他们将自家培育的金鱼或鬻于集市,或选优择秀供富庶人家赏玩。清康熙帝巡幸扬州天宁寺,见附近有竹林围绕、畜鱼为业的民宅,对勤劳淳朴的民风非常赞赏,所以登临此地时兴致勃勃,并挥毫赐《幸天宁寺·前题》诗一首:

鳞片银白闪亮、红白色彩鲜明的双色文鱼

五色备举的五花蛋　　　　　　　　　红头五花蛋

十里清溪曲，丛篁入望深。暖催梅信早，水落草痕侵。

俗有鱼为业，园绕笋竹林。民风爱淳朴，不厌一登临。

　　时至乾隆年间，李斗在《扬州画舫录》中述及广储门外天宁寺附近有"柳林别墅""费家花院"以及汪氏宅第之"芍园"等，都是"蓄养文鱼之院"，他们莳花养鱼，以为生计。柳林别墅的园主朱标在园内经营茶肆，还"柳下置砂缸蓄鱼，有文鱼、蛋鱼、睡鱼、蝴蝶鱼、水晶鱼诸类。……上等选充金鱼贡，次之游人多买为土宜，其余则用白粉盆养之，令园丁鬻于市"。意为将上等的金鱼挑选出来作为贡品献给朝廷，稍次一些的金鱼的则作为土特产卖与游人或由园丁去市肆出售。

　　此地畜鱼人家世代相承祖业数百年，到了民国时期成书的《扬州览胜录》记载天宁寺一带畜鱼人家已连绵成为著名的"金鱼市"："金鱼市在广储门外。沿城河一带人家以蓄金鱼为业，门内筑土为垣，甃砖为池，池方广可三四丈，并置砂缸多只，分蓄金鱼。……名目繁多，不胜枚举。各省人士来扬游历者，多购金鱼携归，点缀家园池沼。每岁春二、三月，养鱼人家往往运至沿江各埠销售，亦有远至湘鄂者……确为扬州有名出产。"

　　仪征诗人汪有泰（1845~1918）也有一首《竹枝词》写当年扬州"金鱼市"

红翎黛衣炫舞姿

银蛋

之盛景,诗云:

> 金鱼局列广储门,遍地砂缸种类繁。
> 凤尾龙睛和蛋种,数洋一对价评论。

道光年间扬州"金鱼市"已大为扩展,从柳林至绿杨村绵延数里,养鱼人家"局列广诸门"摆摊售鱼,"遍地砂缸",种类繁多。"数洋一对价评论",既写出了扬州金鱼市场的喧闹,还反映了当时金鱼也身价不菲。

晚清的中国沦落为最贫穷没落的国家,大批有识之士提倡实业救国,培殖金鱼自然也是"经世致用,利国利民"之道。晚清学者罗振玉等将宝使奎《金鱼饲育法》整理编入《农学丛书》,并在按语中写道:"饲养金鱼仅供玩好,无裨日用,然若励精从事,亦一利源也。昔日本人于文禄元和之间,移殖我国金鱼于大和州,至今产出甚富,每岁售价至数万金。……记之以劝我民之事殖养者尚勉旃哉。"

生产金鱼具有集约化的特点,占地不大,产出较高。进入改革开放的商品经济时代,金鱼的经济价值为推动经济繁荣发挥了重要作用。上世纪金鱼生产主要集中在北京、上海、苏州、杭州、扬州、南通、广州、福州等传统产区,"文革"结束后,城郊农民抓住国内外市场对金鱼需求旺盛的大好机遇,充分利用家前屋后、庭院屋顶等有限的空间建池养鱼,他们白天上班,业余时间饲养金鱼,增加了副业收入,凭借养殖金鱼成为万元户并建起楼房,是当年城郊农民家庭脱贫致富的一种普遍发展模式,金鱼"经世致用"的作用得到了空前地发挥。

90年代后期,各地政府大力推动农村产业结构调整,金鱼生产又迅速向华中、华北等资源优势明显的地区扩展,并且成为当地农业的支柱型产业。

进入新世纪,金鱼生产走向规模化、基地化、专业化发展之路,跟上了时代前进的步伐,继续为致富农村农民、繁荣市场经济发挥着作用。虽然随着

蝴蝶尾金鱼

虚谷·紫绶金章

大量生产,中国金鱼甚至沦为观赏水族中的"贱民",但这丝毫不会影响它的文化艺术价值。相反,因为价格低廉和饲养方法简易,金鱼不但产量最多、销量最大、普及最广,也给最多的人们带来审美的享受。

金鱼深受世人喜爱,在国内外有很大的市场需求,我国每年生产的金鱼,除了满足国内消费,还大量出口创汇。从上世纪70年代至90年代末,中国金鱼主要以欧美、日本、新加坡等经济发达国家和中国香港地区为出口目的地,赚回了大量外汇,为改革开放和经济起飞作出了重要贡献。进入21世纪,中国金鱼外销又向非洲、拉美等新兴市场拓展,既促进了贸易交往,又传播了中华文明。

金鱼生产属于农业的范畴,它的附加值和带动作用更多地体现在工商经贸等下游环节,金鱼不仅有饲养、饲料、渔需生产物资、市场销售等完整的产业链,还带动各类水族器材、园林景观工程的发展,据有关测算,观赏鱼生产带动二、三产业的比值达到1∶4以上。

七彩锦绣　五色蒸霞·蝴蝶尾金鱼

文明使者

金鱼在我国延续了千年的培育历史,且遍及大江南北的全国各地。金鱼的成功培育积淀了中华民族的历史文明,凝聚了中国文化的不朽神韵,反映了中国人民的勤劳智慧。中国金鱼从 16 世纪初开始沿海上丝绸之路被移植到世界各地饲养观赏,向世界传递了中华文明的优秀成果。

中国和日本一衣带水,文化交流最为密切,历史上我国金鱼曾经多次输往日本。有学者考证,首批中国金鱼是 1502 年经福建泉州运抵日本。松井佳一在《金鱼大鉴》中记载:17 世纪初日本德川时代,中国金鱼曾多次传入日本。金鱼培育技艺也理所当然地随金鱼传往日本,来自中国的金鱼也在日本人士的悉心培育下,形成了多个与中国金鱼具有不同风格的品种,有出目金、土佐金、地金、和金、东锦、樱锦、滨锦、朱文锦、江户锦、兰寿、荷兰狮子头等。1972 年中日恢复邦交以

日本兰寿金鱼

后,两国在金鱼培育方面的交流和贸易往来密切,中国培育的金鱼大量出口日本,日本培育的兰寿金鱼也在中国受到热捧。

红白花琉金金鱼

琉球国曾经是明、清王朝的藩属国,19 世纪被日本兼并。1683 年清朝汪辑等携带大批物品去琉球群岛时,随船也运去了金鱼,金鱼在琉球群岛得到驯化和繁衍并传至日本本土,所以后来有一个金鱼品种被称之为“琉金”,此名称一直沿用至今(琉金金鱼为文种金鱼改良而来)。

中国金鱼也早已流传到南洋诸岛。据有关学者查考,明代郑和七下

清新雅丽的蝴蝶尾金鱼

西洋时（1405~1433），金鱼就已被带往南洋群岛。金鱼还随着华侨及明朝遗民漂洋过海来到南洋。清人许之祯在《南洋见闻录》中曾记载了这样一件事：在南洋安汶岛，遇到一位侨居南洋谋生的华人，自称"风阳朱姓，胜朝（明朝）诸王之后，家国破败泛海逃至此，至今已传八世，然乡音不敢忘也"。许之祯又被邀至他家做客，"但见方楼两座，门临一池，水中荷莲，鱼群漫游。室内古色古香，壁悬古剑，案上古书数卷，临窗一宣德瓷缸，缸高三尺阔二尺余，金鱼游弋其中。少时主妇侍茶，其紫砂壶也，壶上之银饰，铮铮放光，朱姓谈及此壶曰已三百年矣，系家传世之宝，泛海时与瓷缸并鱼同舟至此，金鱼亦代代相传。视缸中之鱼皆佳品也。朱曰：'年年吐子，万里选一，俱良种，每年货卖皆获厚利。'盘桓竟日，洒泪而别"。数百年来，金鱼也成为广大海外华人怀念故乡的寄托和维系故土情感的纽带。

　　1727年，南洋菲律宾群岛苏禄国派使臣来华，在北京购买了200尾金鱼，分装4瓮运回国，以后金鱼在苏禄国繁衍并流传到了吕宋岛等地。

色彩绚丽　婀娜多姿

　　中国金鱼流传到更远的欧美地区始于17世纪。国外学者修德鲁巴在其著作《世界淡水鱼类》中认为中国金鱼传入欧洲的时间是在17世纪。

　　17世纪初金鱼已传入葡萄牙。葡萄牙人16世纪即与中国东南沿海贸易往来频繁，东南沿海的广州、福州自古也是中国金鱼的产地，于是金鱼也随着贸易的交往远渡重洋被带到了葡萄牙。中国金鱼

蝴蝶尾金鱼

在葡萄牙受到人们的喜爱,一时成为欧洲饲养金鱼最风行的国家。

　　17世纪初荷兰与我国东南沿海地区有大量的贸易交往,中国金鱼大约是在17世纪中叶传入荷兰。荷兰传教士在中国杭州传教时,十分喜爱金鱼,1651年回国时将龙睛等金鱼用木桶装运至荷兰,在当地展示时引起荷兰人的一片惊奇和赞美。中国金鱼在荷兰生物学家的不断努力下,饲养繁殖均获成功。在这以后,金鱼很快便遍及了整个欧洲。

　　1793年,英国派特史马尔蒂尼伯爵出使大清帝国,乾隆皇帝按照朝廷的礼节,赠送了一批金鱼和其他礼物作为国礼。1794年初马尔蒂尼伯爵回国时,将数种金鱼以及明宣德年间的金鱼缸带回英国,从此中国金鱼传入了英伦三岛。

　　中国金鱼也很早就移养到了美洲国家和地区。西班牙人占领吕宋、马尼拉后,金鱼被辗转运到了西班牙和南美洲的殖民地墨西哥,并流传到古巴的哈瓦那和秘鲁的利马等地。

　　美国出版的《弗伯斯特大词典》把金鱼解释为"红色、黄色或其他颜

狮子头金鱼

红白绒球金鱼

色的小鱼,中国产。养于池中或缸中,作为装饰品"。1872年广州商人方棠,首次将金鱼运到美国出售,引起轰动。每尾金鱼以30美元的底价拍卖,很快便销售一空,最高价甚至卖到170美元,成为当时中产阶层家庭的时尚摆设。美国庆祝独立运动100周年时,曾在费城举办世界"赛珍会",中国参展的龙瓷金鱼缸和10尾金鱼,引起万众瞩目,随后中国金鱼就不断进入美国的商品市场,至今美国仍然是中国金鱼最重要的海外市场之一。

欧美及亚洲诸国,饲养的金鱼大多是中国金鱼的原型,他们培育出的新品种并不多,有美国的"慧星"金鱼,欧洲的"布里斯托"金鱼等品种。

中国金鱼传入俄国的历史记载虽然不详,但是俄国伟大诗人普希金(1799~1837)的著名童话诗《渔夫和金鱼的故事》却早已广为流传,因此,中国金鱼传入俄国的时间也应该不迟于普希金当时的年代。

（英）布里斯托金鱼　　　　　　　　　　（美）彗星金鱼

辛亥革命，彻底推翻了延续近300年的清朝帝制，清宫中供皇室宦官玩养的金鱼也四处流散，其中也有一部分被人移养到了天津的南开大学，由于饲养得法，当时京津地区以南开大学畜养金鱼最多，品种最好。著名教育家张伯苓先生是南开大学创办人之一，大学维持正常

徐金生将金鱼赠送给尼赫鲁总理

运转，也主要靠张伯苓到国外去募捐。他去美国募捐时，总要带上南开饲养的金鱼，捐款一万美金以上的赠送金鱼一尾，捐款越多，赠送的金鱼也就越多。他一生为南开募集的善款数以千万计，却从不屑于中饱私囊，分文不差地全部收入南开的账户，他在学校账上支出十尾金鱼，补上的一定是十万以上的美金。海外很多华人就是因为敬佩他办学的毅力和纯洁高尚的品德而慷慨解囊，当然也非常乐意接受张伯苓先生回赠的珍贵金鱼。

上世纪50年代，我国曾将金鱼作为象征和平友好、幸福吉祥的国礼赠送给亚非国家。1954年，为祝贺印度总理尼赫鲁65岁寿辰，周恩来总理委派北京市园林局准备了100尾金鱼作为寿礼，并由宫廷金鱼培育技艺传人徐金生专程护送并亲手将金鱼赠送给尼赫鲁总理。1955年，周恩来总理率代表团参加万隆会议，又以金鱼作为象征和平友好的礼物，赠送给国际友人，金鱼成为中国人民和世界人民友好往来和增进友谊的使者。

数百年来，中国金鱼受到世界各国人民的珍爱，成为传播中华文明、贸易交换、增进友谊的重要载体。农耕时代和工业文明初期，在盆缸等小水体中养好金鱼也并不是一件轻而易举的事情，所以包括饲养选育等一整套金鱼培育技艺也必然伴随着金鱼流传到了世界各地。

第三章　水中奇葩

富丽妩媚·宽尾琉金

美是来自自然世界的精华，也是人类文明创造的精华。美是自然客观存在，需要人们以自己的审美观念、审美思想和审美方法去发现和感悟；美也是人类思想文化和艺术创造的成果，反映了人们丰富多彩的思想情感和高尚的审美追求。人类社会的进步、道德水准的提高和生活质量的改善，都有赖于对美的感悟和创造。

中世纪西方美学家圣托马斯认为美必须具备三个要素：一是形态完美，二是比例和谐，三是特色鲜明。在民族审美文化的背景之下，自然变异和艺术创造赋予了金鱼奇异完美的艺术形象，金鱼无论从体表色彩、形态特征、游动姿态等体现出的艺术之美具有普世价值，深受各国人民喜爱，堪称活态的艺术作品。金鱼是审美文化和劳动创造的结晶，是经过艺术塑造被艺术化了的物种。金鱼集色彩华丽之美，形态秀雅之美，文化内涵之美等诸多审美要素于一身，成为东方文明一颗靓丽的艺术明珠。

花姿婀娜·短尾琉金

色彩之美

金鱼经过长期的人工培育,体表色彩丰富而艳丽。金鱼的体表色彩大致有:红、黄、白、黑、青、蓝、紫、红白、红黑、黑白、蓝白、紫白、紫红、紫蓝、红黑白、紫红白、紫蓝白、红蓝白、五彩等。金鱼既有多种单一色彩的品种,更多的是各种色彩的搭配组合,可谓千变万化,丰富多彩。色彩的分布组合既有随机自然,也有工整对称,抑或给人以刻意装扮的夸张之感,倍显金鱼的自然奇特之美。

金鱼的色彩还由于虹彩细胞的反光作用,越发显得鲜艳明丽,光彩夺目,或鲜红艳丽,或银白闪亮,或黑如油墨,或灿若紫金,极大地满足了人们饲养宠物的审美需求和搜奇猎艳的心理需求。乃至元明时代,金鱼就已成为"竞色射利,交相争尚""竞移樽俎,蚁集鉴赏"的宠物并冠以各种有丰富文化内涵的美称,

点绛朱唇·三色蝴蝶尾金鱼

如"满天彩霞""篱外桃花""玉燕穿波""金瓶玉盖""二龙戏珠""众星捧月""红云捧日""将军挂印""点绛朱唇""金钩钓月""莲合八瓣""三元及第""白马金鞍""金袍玉带""银袍金带""日月相望",此种以色彩分布、形象命名的名称林林总总有六七十个。金鱼的色彩之美还表现在诸多细节上:如水泡眼、望天眼的金黄色眼圈闪烁着金子般的光泽,口镶红金鱼的口唇好似涂抹了鲜红的唇膏,还有左右面颊"涂抹"了鲜红的胭脂,诸如此类,不胜枚举。金鱼的色彩之美还突出表现在"对花""巧色""应物"等方面:

对花。底色上和谐匀称地分布有1~2种不同色彩的花斑,2种以上

娇丽典雅·蝴蝶尾金鱼

的色彩相互映衬,并且左右对称,别致而颇具特色,显现出对称之美。"对花"在各类红白花金鱼、喜鹊花金鱼、铁包金金鱼中常见。这种既有色彩对比之美,又有色彩对称之美的金鱼格外受到人们的喜爱。

巧色。"巧色"为金鱼所特有,色彩点缀对称而又非常奇巧,有令人惊异的美丽神奇之感。"巧色"金鱼多有通俗的名称,比较典型的举例如下:

色彩巧丽·十二红蝴蝶尾金鱼

鹤顶红金鱼:通体洁白,惟头冠呈鲜红色,色彩搭配唯美并形成鲜明的视觉对比。

十二红金鱼:鱼体有十二个特殊的部位呈现鲜艳的红色,其余均为银白色。红色部位包括口,双眼,两片胸鳍,两片腹鳍,两片臀鳍,背鳍以及双尾鳍,色彩分布完整而且对称,头部和躯体银白色,且无任何杂斑和其他瑕疵。

十二黑金鱼:口吻,双眼,一对胸鳍,一对腹鳍,一对臀鳍,背鳍,双尾鳍均墨黑色,头部和躯体的其余部分红色,且无任何杂斑和其他瑕疵。也有通体银白色,仅口、眼、胸鳍、腹鳍、臀鳍、背鳍和尾鳍均墨黑色,此"十二黑"金鱼更为稀有。

朱砂眼金鱼:通体洁白无瑕,惟两眼红艳鲜亮。龙睛金鱼两眼外凸,格外醒目,称之为"玛瑙眼龙睛";水泡金鱼双眼眼圈呈现红色,左右水泡红色或橙红色而通身洁白,称之为"朱砂眼水泡"。

印头红金鱼:通体鳞片和鳍条均洁白无瑕,仅头部鲜红色,颇似围裹着一方鲜红的头巾。

其他如朱顶紫罗袍金鱼、红玛瑙白珍珠金鱼等等,诸多"巧色",不胜枚举。巧色金鱼不仅色彩奇巧,形态上要求没有任何瑕疵,方能算得上珍品。

应物。有些金鱼的色彩分布

七彩斑斓·蝴蝶尾金鱼

又颇似某一种动物的色彩,如:

喜鹊花金鱼:色彩分布酷似喜鹊。通体以黑色为基色,仅胸腹部鳞片变为白色,左右色彩对称,黑白分明,对比强烈。

熊猫金鱼:亦由蓝色或黑色的金鱼衍变而成。因为切边清晰、黑白对比强烈之故,尤以黑色金鱼变异更显优秀。熊猫金鱼头部为白色,但双眼、口

"十二黑"金鱼

为黑色,躯干以白色为主,腹部中央有下宽上窄的黑色带状条纹至背鳍,左右对称,各鳍均为黑色。因为色形分布酷似大熊猫而得名。

麒麟斑金鱼:每一鳞片具两种色彩,或白边红心,或红边白心,或红边黑心,或金边黑心,乃至鳍条也有规律地夹杂着花斑,一如瑞兽麒麟之鳞甲斑纹,亦为珍品。《朱鱼谱》载:"斯鱼如兽中之麟,禽中之凤,明季时出于娄东清河张氏之家,乃黑麒麟也。告于州令徐公,进上得官,上赐四品绯鱼服。"

变幻。金鱼的色彩还会随着生长发育和季节温度的变化而发生变化,有些金鱼的色彩变化甚至会迎合人们的审美预期,因此给饲养者带来幻想期盼和意外的喜悦,这也是饲养金鱼的乐趣之所在。上述"巧色""对花"的金鱼都是在培育过程中出现,并且一旦秀出皆能定型。

67

巧色动人·紫身红绒球金鱼

金瓶玉盖·色彩艳丽的玉面绒球金鱼

水中彩蝶　　　　　　　　　　　　奇葩盛开·麒麟斑金鱼

形态之美

金鱼不仅色彩纷呈艳丽，且以形态繁多著称。金鱼乃由鲫鱼衍变而来，经过长期的人工培育，金鱼的外部形态发生了艺术性的变化。丰满圆润而雍容华贵，娇小玲珑而精致秀雅，游姿款款而赏心悦目，富有灵性而受人喜爱，形态奇特而又处处表现出艺术之美。

绒球：金鱼的一对鼻瓣膜衍变为形似绒花的绒球，绒球一对或两对，色彩或为鲜红，或为玉白，或红白相间，顶在头部的前端犹如插戴了两支鲜艳的花朵，静如含苞待放，动若盛开之鲜花，随着金鱼的游动，绒球上下飞舞，又像是在舞动玩耍着的绣球，给人以奇趣美妙的艺术感受。

龙睛：金鱼的双眼向两侧凸出，既大又圆，配以粗壮的身形，发达的鳍条，飘逸的游姿，形似苍龙，让人产生丰富的联想。

望天眼：眼睛向外凸出并且向上翻转形成非常奇特的望天眼，两眼圆大而对称，金黄色的眼圈犹如佩戴一副金丝眼镜而格外引人注目。此外还有银白色的眼圈，左右眼圈一金一银则谓之"鸳鸯眼"，以及由银灰、金黄、洋红等色彩组

游姿翩翩·红白花绒球金鱼

成的三环眼圈套住中间的眼球,称之为"三环套月"。

水泡眼:两眼向外凸出并向上翻转朝向天空,眼下方生有左右对称的两个大水泡,水泡浅黄色、红色或彩色,游动时如同提遛着一对彩色大灯笼,晃晃悠悠,柔美灵动,奇特有趣,极具观赏性。

头冠:狮头金鱼、虎头金鱼和皇冠珍珠金鱼的头部皮肤组织增生异化,形成覆盖整个头部并向上高耸的头冠,或形似威猛的雄狮,或犹如古拙的寿星,或美似白玉,或宛若玛瑙,再配以鲜明的色彩对比,实乃人工培育和自然造化的艺术杰作。

鳍:文种金鱼的鳍条薄而透明,宽大飘逸,犹如凌空曼舞的彩练,高耸如帆撑张有力的背鳍,更给人以飘逸健美之感。金鱼当以尾鳍的形态变化最具艺术之美:水平柔软宽大飘逸的双叶尾鳍恰似仕女漂亮的裙摆,款款游动的优雅姿态,更是迎合了人们的审美需求。尾鳍根据不同的形状又有裙尾、燕尾、凤尾、蝴蝶尾、孔雀尾、翻翘尾等多种形态。其中被人们视为代表中国金鱼特色的蝴蝶尾金鱼,尾鳍宽大而平展,弧线优美的四片尾裙酷似蝴蝶的蝶翅,款款游动时的姿态又颇似蝴蝶展翅飞翔,被誉为"水中蝴蝶"绝无夸张之嫌。虎头和兰寿金鱼虽然尾鳍短小,但平整厚实而同样富有艺术张力,形似樱花之花瓣,故有"樱

灵动娇美

纤盈秀雅

柔美妍丽

五彩水泡

花尾"之美称。

金鱼的艺术之美不仅表现在诸多品种特征的变异,更有整体的协调匀称与和谐之美。以珍珠金鱼为例,不仅体表鳞片似粒粒珍珠,整个外形亦浑圆如珠,即便头冠也与众不同,晶莹剔透,形同玛瑙,多个品种特征的集合可谓是珠联璧合,相得益彰。

文化之美

金鱼之美植根于传统文化,来源于科学与艺术的创造。数以百计的金鱼品种既是自然之衍化,更是人类科学文明之成果。金鱼除了色彩与形态的美学价值和欣赏趣味之外,其丰富的历史信息与科学文化内涵,亦是引人入胜之魅力所在。

明嘉靖·青花红彩鱼藻纹盖罐

"文化即自然的人化。"这是马克思对文化的高度概括。文化是人类在社会历史的发展过程中所创造的物质财富和精神财富的总和。文化具有认识世界,传递文明,资政育人、服务社会等功能。金鱼的成功培育植根于中华民族的传统文化和勤劳智慧的美德,金鱼的培育过程也从一个侧面帮助人们认识和改造自然,创造并传递文明,服务并促进社会发展。

金鱼的成功培育植根于我国古老的农耕文明。我国的农耕文明历史悠久,在河姆渡史前遗址的考古发掘中,就发现了距今七千年前的稻谷。我国古代先民很早就已开始实行精耕细作的集约化农耕生产方式,以解决土地产出与人口增长之间的矛盾,在农作物栽培、畜禽养殖、园艺蚕桑等方面都有辉煌的成就。金鱼的成功培育,也同样需要有选种、育种、杂交、饲养等一系列的培育技艺,金鱼的祖先——鲫鱼虽然广泛分布于东亚和东北亚地区,但是金鱼唯独能够发源于中国并且在数百年之间成功培育出了数以百计的不同品种,正是源自中国悠久灿烂的农耕文明历史。

金鱼的成功培育植根于我国人民勤劳智慧的美德。中华民族素以勤劳智慧著称于世,将野生的鲫鱼培育成为金鱼,历经了近千年艰辛漫长的历史过程。金鱼饲养于盆缸等小水体中,与饲养陆生动物相比,培育金鱼具有更多的技术含量,更大的技术难度和饲养风险,这也是一般没有饲养经验的人不愿涉足的主要原因。例如常见的水质恶化、缺氧闷缸(池)、疾病传染等,稍有懈怠即会全军覆没而前功尽弃。培育金鱼是一项勤劳细致的工作,需要持之以恒的耐心,其中历经的甘苦与付出的心血以及收获的喜悦,难以言表亦不能尽述。金鱼的成功培育折射出中华民族追求目标的意志、吃苦耐劳的精神,锲而不舍的毅力,体察入微的细心、勤于思考和善于总结的智慧。

金鱼的成功培育植根于崇文尚美的中华文化。中国自古就是一个崇文尚美的国度,人们在日常生活和劳动实践中不断地发现和创造着美,观鱼也成了一项充满诗情画意的乐趣。《庄子·秋水》中就有一段庄周与齐惠王观鱼的故事:

清乾隆·霁青描金游鱼转心瓶

> 庄子与惠子游于濠梁之上。庄子曰:"儵鱼出游从容,是鱼乐也!"惠子曰:"子非鱼,焉知鱼之乐?"庄子曰:"子非吾,焉知吾不知鱼之乐?"

非鱼亦知鱼之乐,这段两千多年前先贤富于哲理的对话经常被后人引为"濠梁之乐"。明代诗人王世贞在杭州玉泉寺著名的金鱼池欣赏了金鱼后赋诗曰:

> 寺古碑残不记年,池清媚景且流连。
> 金鳞惯爱初斜日,玉乳长涵太古天。
> 投饵聚时霞作片,避人深处月初弦。
> 还将吾乐同鱼乐,三复庄周濠上篇。

金鱼在古代又被称作"文鱼",意为文雅之鱼,人们不仅将金鱼视为奇珍异物,还赋予其诸多文化的内涵,并且从中华文化的审美视角,对金鱼的形态进行了艺术化的重塑:缤纷艳丽的色彩,奇特美丽的形态,雍容安详的游姿,金鱼的艺术之美具有普世价值,为世界各地人民所喜爱,堪称鲜活的文化艺术作品。

金鱼是在人类审美文化思想传承发展的观照之下,通过培育技艺的科学雕琢(这

吴作人·池趣

金鱼文化艺术欣赏

JIN YU WEN HUA YI SHU XIN SHANG

种雕琢不是操刀弄斧,而是对遗传基因的因势利导和循循善诱),经过漫长的历史演化,逐步成为一个艺术化的物种。金鱼的饲养培育技艺集成了选种育种、配种繁殖、孵化育苗、选优去劣、四时喂养、水质调控、疫病防治等多个技术环节,这些技术环节还受到地理和气候的影响,使金鱼的整个饲养过程充满了专业性、科学性、文化性、挑战性与趣味性。所以金鱼是科学与文化的结晶,是科学与艺术的结晶。

金鱼是饲养历史最为悠久的观赏鱼类,也是在人工饲养环境下形态变异最为丰富、艺术雕琢最为精细的物种。早在晋代,金鱼开始受到人类的呵护,宋代因为朝廷的偏爱,由此揭开了它在文化艺术表现上的璀璨序曲。至21世纪,金鱼已延续了千余年的历史演进过程,由粗糙原始到精致秀雅,由单一形态到品种纷繁。纵观七彩神仙鱼、孔雀鱼、暹罗斗鱼等热带鱼亦或锦鲤,虽然也有五彩缤纷的色彩表现,但经过观察比较,就不难发现没有任何一个观赏鱼种能够与金鱼多变的形态色彩相媲美,同时彼此之间还可以相互和谐完美地搭配而成为赏心悦目的艺术作品。

金鱼脱去了野性与粗俗,在洋洋大观的水族世界中,具有超凡脱俗、雍容华贵、温文尔雅的气质,与中国传统文化观念所崇尚的谦和自省、含蓄内敛、崇文尚美的价值观相契合。金鱼的成功培育,体现了中华文化的精神内核——对创造的热情、对生命的挚爱、对自然的神往、对完美的追求;体现了中华民族的勤劳智慧和改造自然,美化自然的科学力量。

金鱼也是各国文化相互交融的成果。金鱼16世纪开始作为中华文明的成果之一流传到海外,在不同文化背景下培育的金鱼

红白花双色绒球金鱼

形成了多个流派。中国金鱼以品种繁多,百花齐放取胜,几乎所有的变异都被利用并培育成为独具特色的品种,它们各具风韵而竞相展现其艺术之美,反映了中国文化恣意挥洒的浪漫和兼收并蓄的包容性以及中庸和谐的儒雅风范。

日本金鱼品种虽远不如中国丰富,但却集二百年之功力,倾心打造出了"兰寿"金鱼,在日本被誉为"金鱼之王"。日本金鱼有精雕细琢的特点和武士的风骨,体现了大和民族坚忍尚武和专注严谨的文化传统。

欧洲金鱼品种单一而且比较原始,这与西方崇尚自然的文化观念和审美情趣有很大关系。英国"布里斯托"金鱼类似于五花草金鱼,但是在尾形上形成了特色,共同的特点是心形展开的

潘觐贵·波面游鱼乐

单叶尾鳍,宽大规整而又不失自然。他们仅仅对这一品种特征进行不断地纯化,并且做得一丝不苟,培育的"俏尾"金鱼,还配有协会颁发的品质证书。

金鱼在色彩和形态的变异上甚至展现出无限的可能性,使得金鱼的品种和流派极为丰富,对金鱼变异的研究和形态变化上的追求似乎永无止境,这也是培育金鱼的永恒魅力。仅以蛋种虎头金鱼为例,它们共同的特点是短身龙背(即无背鳍),头部生有肉瘤,皆出自古代的"蛋金"。由于不同的审美情趣和选育方向,根据尾鳍长短的变异分化出丹凤金鱼和虎头金鱼两大流派,长尾为丹凤,短尾是虎头。前者流传不广,后者却由于不同的审美情趣和选育方向,又分化出了普通虎头、猫狮头、鹅头红、许氏鹅头

(英)布里斯托金鱼

尾形独特的日本地金金鱼

蝴蝶尾金鱼　　　　　　　　　　　土佐金（日本金鱼）

红以及日本的兰寿金鱼等。兰寿金鱼也是出自"蛋金"，品种特征类似于虎头金鱼，但是头部肉瘤的形状、偏长的体形，粗壮的尾筒和上翘的尾鳍形成了兰寿金鱼特有的标志。兰寿金鱼引入我国以及泰国，经过杂交和选育，又形成了福寿、泰寿等不同的品系。它们既相互关联又有一定的差别，而描绘这些品系之间的亲缘关系，研究如何更深入地借助于选育杂交和饲养技术，使每一个金鱼品种（或品系）专有的特征甚至是细微的差别得以更加完美的体现从而发展到极致，除了认真严谨、一丝不苟的科学态度，还需要坚持不懈地勤奋努力乃至终其一生地深入研究，方能达到精妙的专业水准和完美的艺术高度，这也是有关金鱼的科学与文化内涵丰富而且深奥的魅力所在。

意境之美

　　意境即审美意趣构造之境，意境是心与景的交流互动，是情与景的交融妙合。人们在传统文化的观照下，参造化之权，研象外之趣，从审美意境中达到感悟自然、热爱

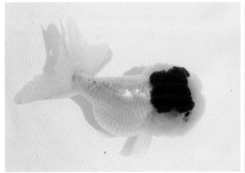

如花似玉·红顶虎头金鱼

自然与感悟生命、热爱生活的有机统一。

无论古今，观鱼都是人们生活中的一大情趣，欣赏着鱼儿自由自在地嬉游于清流碧波之中，激发起人们对大自然的无限遐想和热爱，也给人们带来精神上的愉悦和慰藉。诗经中的《采莲曲》对观鱼有生动描述：

采莲复采莲，莲叶何田田！
鱼戏莲叶东，鱼戏莲叶南，
鱼戏莲叶西，鱼戏莲叶北。

诗歌以极其简练的语句，将游鱼戏水"忽东忽西，忽上忽下，忽隐忽现"的自由欢快场景描绘得情趣生动，活灵活现，同时也反映了古代劳动人民淳朴而又丰富的情感世界。

老子说："清净为天下正。"中国传统文化十分推崇超然宁静的审美意境，并从中获得情感的升华与心灵的净化。自古文人学者赏鱼，总是伴随着诗意的联想，如《长物志》写到："观鱼宜早起，日未出时，不论陂池、盆盎，鱼皆荡漾于清泉碧沼间。又宜凉天夜月，倒影插波，时闻惊鳞泼刺，耳目为醒。至如微风披拂，琤琤成

青燕临空

碧眼金睛

"鳍"开得胜

紫白双色·小熊猫金鱼

韵,雨后新涨,縠纹皱绿,皆观鱼之佳境也。"明代书画鉴藏家张谦德在《朱砂鱼谱》中写饲养观赏金鱼的乐趣:"余性冲淡,无他嗜好,独喜汲清泉养朱砂鱼。时时观其出没之趣,每至会心处,竟日忘倦。惠施得庄周不知鱼之乐,岂知言哉!"作者一生淡泊名利,独喜汲清泉以养朱砂鱼,在观赏朱砂鱼的美妙身姿和出没于清泉绿藻之趣中,沉浸于超凡脱俗的宁静世界,享受造物成功的心情喜悦,感悟古人"非鱼而知鱼乐"的人生哲理,坚守一份传统文人清高与自守的精神境界。

金鱼自古就是造园艺术不可或缺的动景。居家庭院之中砌筑鱼池赏景观鱼是江南园林作造艺术的传统沿袭,池边一角叠石为山,缀以盆景花草修竹,奇峰绝壑、翠竹荫翳、飞泉叠瀑、碧水游鱼的艺术效果为庭苑景观平添出勃勃生机。纵然是旧屋陋室或一方天井,寻觅得几尾宝贝似的金鱼,蓄于盆盎并配以翠藻漂萍,闲暇之时观赏金鱼出没其间,也能增添许多生命活力和愉悦温馨,旧时的生活乐趣至今仍然是很多市民

萍藻之间　自成天趣

的美好记忆。北方地区虽不如南方气候温润，但畜养金鱼同样普及。京津地区从金、元时代就有赏玩金鱼的风气，上至皇家宫廷，下至平民百姓，赏玩金鱼是一种传统的生活情趣，金鱼缸和石榴树一直以来还是北方四合院中常见的祥瑞景物。

恣意潇洒　绝尘脱俗

人们在养鱼中追求清净闲适的生活情趣，着意营造出诗意的氛围。

"萍荷翻金鲫，兰苕超翠禽。"历代文人墨客、市井百姓、达官贵人无一不将饲养观赏金鱼视为生活中的一大雅趣。清代《虫鱼雅集》的作者写赏鱼的雅趣颇为生动：凤尾龙睛，五色灿烂，跃则艳影扶摇，潜则清神定静。观其唼花游泳，映水澄鲜，不唯清目，兼可清心。小院月明，照澈桐叶，闻唧唧之声，得悠然之趣。当疏篱雨过，开满豆花，吹柳絮于池心，龙睛环抱；戏萍花于水面，凤尾徐摇。倏值秋风飒爽，蟋蟀轻吟，助三径之诗情，添九秋之逸兴。风前雨后，月下花间，审鱼之游泳，大可悟活泼之机，得澄清之

飞扬流动　美不胜收

水墨丹青 　　　　　　　　　　　　紫气东来

趣,益人神志,怡人性情……

现代社会,金鱼成为各大公园旅游景区的一道生动风景,池沼碧水之中饲养一群金鱼,随群逐队,盘桓游动,波光锦鳞,各显身姿,为园林景观增添了勃勃生机。"花港观鱼"一直以来都是杭州西子湖畔人气最旺的著名景点之一,在这里数以万计的五色文鱼染红了半个湖面,游人纵情鱼趣,鱼欢陶醉游人,人知鱼之乐,鱼知人之情,两情相悦,其乐融融。清帝乾隆曾留下赞美的诗句:

花家山下流花港,花著鱼身鱼嘬花。

最是春光翠西子,底须秋水悟南华。

如今不但各个公园景点,包括住宅小区都设有或大或小放养观赏金鱼(以草金鱼为主)的水景,欣赏着金鱼随波逐流结队畅游在清流碧水之中,使人倍感环境优雅协调,心情惬意轻松。

当代民居多为广厦楼宇,更多人将畜养金鱼视为美化生活,陶冶情商,启迪心智,增添生活情趣,提高生活质量的一种文化消费。厅堂之中畜养一缸金鱼,或配以水族布景,在灯光的映照之下,别具变幻的动态美给家庭营造出高雅的文化氛围和浪漫温馨的艺术享受。金鱼色彩艳丽,雍容

娉婷灵秀

华贵,品种繁多,仪态万千,或端庄娴雅,或俏丽灵动,或古雅稚拙,尽可根据个人所好,营造出各具特色的赏鱼景观。现代人生活节奏快,工作压力大,媒体资讯多,社会结交广,劳作之余,浸润在美的享受之中,纾解一下工作与现代化带来的生活压力,不独有修身养性之裨益,如果再详考金鱼之历史源流,寻索其变化之迹,摇荡心旌,联翩幻想,念先人之智慧,发思古之幽情,还可以在一定程度上陶醉于中华民族的自豪感之中。

据有关文献记载,有位名叫赫各莫腊透的德国人说过:"余尝闻华人某君,最爱金鱼,曾得到彗星鱼(注:金鱼名)一,甚驯。蓄之池中,能解人意。有时主人以小艇浮于池面,此鱼辄能追逐主人艇后,以示亲近……主人偶有客至,欲举鱼示客,但须伸手水中,此鱼即能游泳来就。而当饲鱼之际,则以铃声为号。法以银制小铃,取木杆悬于水面。杆端系铃,铃上则缚一线。线之一端,以小物为引,浸于水中。鱼饥需食,则以口吞线端之物。如是,线动铃

紫燕双飞

绯红霞映

79

柳燕成新韵 墨蝶展芳姿

鸣,主人即予以适度之食物。故每至食时,但以线端入水,鱼即衔线鸣铃,习以为常焉。"这段文字写出了爱鱼人的独具匠心和金鱼的灵慧。金鱼如此地贴近人类,带给人愉悦,有了金鱼的陪伴和点缀,人们的生活变得丰富多彩,有声有色,意趣盎然。

第四章 鱼品赏析

金鱼集龙凤之美,绚丽华贵,取百花之彩,五色备举,具有中华传统文化特有的文采和格调,在中华文明的历史长河中闪耀着神奇的光彩。按照金鱼眼、鼻、头冠、鳍条等不同部位的变异特点,将其分门别类,大致可粗分为草金鱼、文鱼、龙睛、狮头、鹤顶红、绒球、珍珠、虎头、水泡、望天等十大类。金鱼是在中国传统文化中孕育和创造出来的,所以它的一切都镌刻着传统文化的深深印记,每一类品种都有其丰富的文化内涵和独特的审美意趣,共同构成了金鱼文化的满园春色。

贵为神龙草金鱼

草金鱼又称金鲫,可以说是金鱼当中最原始的品种。金鲫除了体表色彩和鱼鳍发生了变异,其他与野生鲫相差无几,自从有了双尾短身的"朱砂鱼",古人将其视为"陂塘之物",意为不可登大雅之堂,今人则以"草"冠之,以示文野之差异。金鲫基本保持着纺锤形体形,头部尖扁,有完整背鳍,单叶尾鳍。金鲫游动速度较快,饲养条件粗

放,多畜养于陂塘水池之中供人观赏。随
着经济的发展和生活条件不断改善,在公
园、宾馆、单位、住宅小区的池塘、小溪之中
都可以看到金鲫活泼灵动的身影,给我们
的生活环境带来了靓丽色彩和勃勃生机。
古人有诗赞曰:

五彩草金鱼

> 谁染银鳞琥珀浓,光摇鬌鬌映芙蓉。
> 清池跃处桃生浪,伫见飞空化赤龙。

长袖善舞

在物质匮乏、生活简陋的年代,
金鱼被人们视为奇珍异物,而且常与
龙联系在一起,甚至还能够充当谋取
皇位的道具。中国古代,大凡登上皇
帝宝座,都有种种"神权天授"的故
事为之铺垫,这样才能名正言顺地登
上皇帝宝座。如汉高祖刘邦,父太
公,母刘媪,《史记·高祖本纪》中对
其出生有如下记载:"其先刘媪,尝息大泽之陂,梦与神遇。是时雷电晦冥,太公往视,
则见蛟龙于其上。已而有身,遂产高祖。"既为龙种,就有龙像:"高祖为人隆准而龙
颜"。再如清世祖爱新觉罗·福临,
从受娠到出世,亦是一位一以验之的
"真龙天子":"母孝庄皇后方娠,红
光绕身,盘旋如龙。诞之前夕,梦神
人抱子纳怀后曰:此统一天下之主
也。""翌日上生,红光烛宫中,香气
经日不散。上生有异禀,顶发耸起,
龙章凤姿,神智天授。"

明朝信王朱由检能够登上皇帝
宝座,也有一段"乌龙蟠殿柱,汲水

金银鱼

翩若惊鸿　婉若游龙　　　　　　　清新俊逸　纤密巧丽

得金鱼"的神应故事为之铺垫。明代李清在《三垣笔记》中讲述："上为信王时,曾梦乌龙蟠殿柱。又偶游本宫花园,园有二井,相离甚远。上戏汲于井,得金鱼一尾,再汲一井,复得一尾,活泼光耀。左右皆知其异,秘不敢言。"

　　宫廷废立之事历朝历代均狡诈而残酷,以梦能预事谋取帝位也是一贯的伎俩。"乌龙蟠殿柱"之梦既出自信王之口,自然有着当时对皇位继承形势的分析和估计,更有信王登基的野心。信王既有谋取皇位之意,也必然会有人诌出天降神意的附会之说,为立为天子的合法性而大造舆论。但托梦之辞毕竟有虚幻之嫌,最好还能搞出一点看得见、摸得着并使人信服的动静与之印证。

　　古代传说中的神龙多出自于水,既可以出自江湖河海,也可以出自深潭古井。历史上有很多井中现龙的传说,并用以附会帝王的命运和朝代的兴替。蟠柱的乌龙必不可得,金鱼虽为异物,然得之亦非难事。试想,信王的亲信想从哪儿弄上几条金鱼,岂非易如反掌? 于是朱由检与其心腹又自编自演了一出"信王汲水得金鱼"与"乌龙蟠殿柱"之梦相呼应。金鱼身为异种,锦鳞闪耀,被古人赋予了龙的神性,此时又现身于信王本宫花园的水井之中,又在信王戏汲井水时而得,此种异物异事,信王府难道不是"龙潜"之地? 如此一虚一实,亦幻亦真,虽然左右皆知其异而秘不敢言,但此事与"乌龙蟠殿柱"之梦相互映照,信王岂非不是真龙天子?

　　1627 年,即天启七年八月,朱由检的兄长天启皇帝明熹宗朱由校病逝,朱由检继承帝位,改年号为崇祯,在位 17 年,虽勤政励治,以图中兴,但受到李自成农民起义和清兵的内外夹击,回天无力,终被推翻,自缢毙于北京煤山(今景山),成为明朝的亡国皇帝。

　　《三垣笔记》中的金鱼应是畜于池塘中的草种金鱼,即金鲫。1634 年刘侗、于奕正著《帝京景物略》中记叙京城郊外有一著名去处——金鱼池："池泓然也，居人界而塘之，柳垂覆之，岁种金鱼为业。"当地有百姓居住在池塘边，池塘宽阔，池边植柳，畜养金鱼以为家业。文中附谭元礼诗一首《晚晴步金鱼池》，可以知晓当时游人的喧闹：

帘开我为晚晴出，万叶沉绿浅深一。
滴滴跃跃洗池塘，朱鱼拨剌表文质。
接餐生水水气鲜，霞非赤日碧非莲。
儿童拍手晚光内，如我如鱼急风烟。
仕女相呼看金鲫，欢尽趣竭饼饵掷。
……

金鲫的生活力较强，故生长繁殖多在池塘，与野生鲫鱼的生产性能相比，金鲫体侧扁，个体较小，生长相对较慢，池塘养殖群体产量也略低。短尾金鲫对饲养环境要求不高，而长尾金鲫则适宜饲养在水质较清的水体中，以避免水质过肥发生"烫尾"，造成危害。金鲫诸品种中，以兰花金鲫较难饲养，繁殖率也较低。

依据尾鳍的长短，金鲫有短尾金鲫、长尾（燕尾）金鲫之分；金鲫色彩变化丰富，所以依据色彩的变化又有红、红白、紫、兰花、斑鳞等诸多品种，以红白色彩金鲫、红头兰花金鲫、麒麟斑、闪光鳞金鲫最具观赏价值。金鲫鱼虽属草种，然观赏魅力也颇有特别之处，人们可以从形、色、神三个方面鉴赏。

形：以清秀的身形为佳，头尖口小，身体呈匀称的纺锤形，体态不必过于肥满。各鳍完整、宽大而舒展，尾鳍轻薄飘逸。在室外水域观赏时，较大的个体更可凸现其轻盈曼妙的身姿。

色：最常见的颜色为艳丽的鲜红色，一泓碧水之中盘桓游动的身影，显得光彩夺目。偶有几尾其他色彩，则使群鱼更显生动。鉴赏花色金鱼则要求色块分布匀称，对比鲜明，尤以红白相间的色彩最受欢迎，红色色泽鲜艳、红似丹霞，白色银光闪亮、熠熠生辉，白质红章，宛若锦绣。

神：金鲫性情活跃最适合群养，观赏它们在水中逐队随群，各展身姿，盘桓游弋且颇具灵性。见人走近，纷纷游来凑近欢迎，不禁使人想起明代诗人吴从先一首写得风景如画的《花港观鱼》：

余红水面惜残春，不辨桃花与锦鳞。

莫向东风吹细浪，鸳鸯惊起冷香茵。

金鲫色彩明丽，秀雅灵动，不仅适宜在池塘等户外水体中群养观赏，也非常适宜在家庭、宾馆、酒店等厅堂之中，养之于宽敞的水族缸中以侧视的角度观赏。

流光溢彩美文鱼

"文"是指社会发展到较高阶段表现出来的状态，在中华文化中也象征美好和高雅。"文"字在中国人的取名中颇为常用，寄寓着长辈对后代"知书达理"的厚望。

浓妆艳抹的红白文鱼

金鱼色彩华丽，神形高雅，举止文静，是在人工精心培育之下，被"文"化了的一条鱼，成为普及在民众文化生活中鲜活的艺术作品。颇具文雅之气的金鱼，为居家环境增添了温馨文雅之风，给人们的心境带来平和文雅之气，所以古代人们又多将金鱼称为"文鱼"。明嘉靖著名文学家吴国伦诗曰：

嫩藕香扑观鱼亭，水面文鱼作队行。
宫女齐来池边看，傍帘呼唤勿高声。

清代以后，随着金鱼品种的增多，"文鱼"成为特指眼、鼻、头形没有发生变异的这一类品种。

文鱼以嘴尖头小，体短腹圆，背鳍高耸，尾鳍宽大为主要特征，与草金鱼相比，除了体形和双尾鳍两个方面的变异，没有发生其他特殊地变异。与龙睛、绒球以及发头类金鱼相比，文鱼因相貌平平少有特色并类似于草金鱼，加之过去人们观玩金鱼又多以俯视为主，所以文鱼的培育玩养近代以来在我国并不被重视。而日本人对文鱼与其他金鱼品种一样爱好，并以此为育种材料，悉心培育出了特别适宜饲养在水族箱中从侧面观赏的高背型的文鱼——"琉金"金鱼，这里也许还有日本较早进入工业化社会的原因。实际上"文鱼"与"琉金"并没有本质的区分，文鱼群体中不乏高背型的个体，而琉金金鱼群体中也并不完全都是高背型的。市场为了迎合人们的崇洋心理，遂将此类金鱼统统称之为"琉金"，毕竟人们可能会认为这是一个洋品种，身价得以提高；再有"琉金"读起来顺口，又谐音"留金"，更增加了祥瑞之意。

琉金金鱼除了有吻尖头小腹圆各鳍宽大等特点，因其背峰充分发育而使躯体呈现丰满的菱形，更适宜从侧面观赏。琉

富丽华美

巧施胭脂

清新雅艳

妆新炫绛霓　尾展曳新縠

金金鱼色彩变化丰富,游姿轻盈飘逸,又比较容易饲养,因此而成为当前市场颇为畅销的品种。

　　培育高背型的琉金金鱼,首先是要选好种,除了合意的色彩,要严格按照吻尖、头短、高背、宽尾的品种要求选定亲本。第二是充足的营养保障,高质量的饲料是金鱼背峰充分发育的物质保障。琉金金鱼生性相

风姿绰约·短尾樱花琉金金鱼

对粗放,也适宜在小型池塘中饲养,以求得更快的生长速度和更经济的人力物力投入。除了易繁易养,琉金金鱼的另一个特点就是因为变异部位少,相对于龙睛、水泡等其他品种,次品率较低,形态比较稳定,适宜较为粗放的规模化生产。

　　琉金金鱼的鉴赏要点有:

　　1.吻尖头小呈三角形,背峰高耸发育充分,腹部丰满圆润,尾柄宽短。

　　2.色泽鲜艳,鳞片完整富有金属般的光泽。

　　3.背鳍竖直富有张力,胸鳍、腹鳍、臀鳍和四开尾鳍宽大舒展飘逸,游姿洒脱平衡。

　　琉金金鱼也有长尾、中尾、短尾之分,为了迎合现代人追求简洁明快、时尚健美的审美观念,近几年有专门培育短尾琉金金鱼,除保留了该品种的其他特征,宽短的尾鳍不及体长的1/2,又因形似于热带鱼中的"七彩神仙"或"红鹦鹉",成为饲养观赏的新宠。

　　琉金金鱼有红琉金、红白琉金、白琉金、三色琉金、紫琉金、五彩琉金、樱花琉金等,色彩丰富而艳丽。其中又以红白琉金的色彩分布变幻繁多,红白色彩对比最为鲜明。红色鳞片鲜红明丽,白色鳞片洁白如银,白质红章相互映衬,令人倍感美艳奇妙和妩媚动人。各类巧色多姿多彩,常见有"口镶红""十二红""印头红"等佳品。

流光溢彩·胭脂红短尾樱花琉金金鱼

凤尾龙睛绽奇葩

龙睛金鱼可以算得上是金鱼中的元老级品种,一向被视为中国金鱼的代表种类,因有一对大而凸出的眼睛显得非常奇特,凸起的双眼还使人们联想到了龙,因此而得名"龙睛"金鱼。龙是中华民俗文化崇拜的图腾,被赋予了通天、入水、显灵、示威等神性。神话中的龙多出自于水,能够入海通天,兴云布雨,主宰自然。在龙的身上体现了中华民族传统文化对自然界的想象和理解、疑惑和敬畏以及美化和崇拜。通过龙睛金鱼的培育,使人们对龙的幻想和崇拜的情结在平常的现实生活中得以部分实现。

中国金鱼中凡双目外凸的均归为龙种,此种变异最早出现于元明时期,扬州博物馆馆藏的一件元代龙泉窑青釉双鱼瓷盆,已有龙睛金鱼的图案:盆中盘桓着一对金鱼,凸眼、长身、双尾,从身形看,符合元明时期金鱼的进化特征,如果此文物断代无误,双尾凸眼的金鱼可能早在元代就已出现。晚明文人屠隆撰有《金鱼品》,是现存年代较早有关金鱼品种及其鉴赏的文史资料,文中记叙金鱼"第眼虽贵于红凸,然必泥于此,无全鱼矣"。意为眼睛红凸的金鱼固然名贵,但是如果拘泥于此

元·双鱼瓷盆

以为赏玩,那就过于苛求了。今天我们还可以推测,眼睛向外凸出的金鱼其时已非稀罕之物,两眼既凸又红如今被称为"玛瑙眼"的稀有鱼品更被人们所看重。

清康熙时期蒋在雒在《朱鱼谱》中对两眼向外凸出的金鱼给予了较多的笔墨,在"眼论"一节中曰:"眼必要胖大,凸出而红如银朱者,谓之朱眼。……又有一种凸出而黄色者,

龙睛凤尾·红白龙睛金鱼

莹鳞五彩龙睛

光如琉璃,名曰水晶眼。有一种凸出而黄色者,名曰淡金眼。有一种白者,名羊眼,若外有一重琉璃光者,谓碧眼,又名灯笼眼。又有一种又大又凸又红,如两角直宕于口边,楚楚可爱,此乃福建之种,名宕眼……"用现在的名称说法,朱眼即朱砂眼,灯笼眼即灯泡眼或羊角眼,都是属于"龙睛"一类。

龙睛金鱼既以龙为名,自然与龙有着深厚的渊源。龙是中华民族的象征,龙是中华文化幻化出的图腾。龙的衍化起点有蛇、鳄鱼、蜥蜴、鱼等多种传说,但是其中以龙的原型源于鱼似乎更为合理。鱼的形态各异,在水中游移不定,出没无常,在古人的眼中,既是捕猎对象,也是被人们敬畏的神灵。中国自古就有鱼化龙以及鱼龙互变的神话故事,《说文》中释"龙"为"鳞虫之长",将"鱼""龙"归为一类。到了唐宋时代,鱼龙互变的传说更为流行:"鱼将化龙,雷为烧尾",电闪雷鸣之际,火烧其尾,遂脱胎换骨,升天为龙。宋人孔平仲《孔氏谈苑》载:"鱼跃龙门化龙时,必须雷电为烧其尾乃化。"古代士人初登第要举行欢宴,名为"烧尾宴",皆源于"鱼化龙"之说。古人对龙的形象塑造来自于鱼,还可以从仰韶文化遗址中的一件陶罐图案上得到印证,龙的原始形象始于鱼的变形:前吻方阔,鳃盖尖锐并外翘成为龙角的雏形,龙身覆有鳞片而鱼的胸鳍和腹鳍尚未变形为龙爪。

龙在中华民族的生命传承中由于文化审美的进步乃至皇权的需要不断变形而趋于华美威严。龙的形象创造采撷了多种动物的特点,明清以前龙即有"九

明世宗朱厚熜像·蟠龙"目光如炬"

似"："角似鹿，头似驼，眼似兔，项似蛇，腹似蜃，鳞似鱼，爪似鹰，掌似虎，耳似牛"（宋罗愿《尔雅翼·释龙》），北宋初年画家董羽提出龙的"九似"则有"眼似虾"一说，龙眼小而外凸。龙的双眼自明朝中叶开始有了新的变化，不再"似兔"或者"似虾"，这可以从明代皇帝的朝服上得到印证：衮服上蟠龙的眼睛大而向外凸出，炯炯有神的双目更加显示出龙颜"目光如炬"的神威。蟠龙双目的这一变形，难道不是从"眼贵于红凸"的金鱼得到了启示吗？明清时代龙向外凸出的两眼岂不就是得之于金鱼？

《金鱼图谱》中的龙睛金鱼

既然龙与金鱼的双眼是如出一辙，那么将两眼外凸的金鱼称之为"龙睛"在今人看来应是理所当然，但事情可能并非如此简单。"龙睛"金鱼的名称最早是见于公元 1780 年在法国巴黎出版的法文版《中国金鱼志》一书，著者为 Sauvigny，书中有中国学者绘制的 37 幅金鱼图片，其中将两眼向外凸出的金鱼称之为"龙睛"。而在国内专著中，翻遍《金鱼品》《朱砂鱼谱》《朱鱼谱》和 1848 年清道光年间出版的《金鱼图谱》等，均不见"龙睛"二字，《金鱼图谱》上有57 帧金鱼彩图，书中所画金鱼多为"眼若铜铃"的"龙睛"，说明畜养龙睛金鱼其时已经相当普及，为什么直到清末姚元之收录于《竹叶亭杂记》中的《金鱼饲育法》上才

红黑双色龙睛金鱼

铁包金龙睛金鱼

龙睛金鱼

见有"龙睛"金鱼的称谓？是否因为明清时代龙成了皇权的徽记，文人出于避讳，才"舍简就繁"地宁愿用一段繁杂拗口的文字替代"龙睛"二字？

中国的帝王多有因龙感而生的传说，特别是有了汉高祖刘邦因其母与龙感而诞的神话以后，龙逐渐被各朝封建帝王专权垄断，乃至一切有关龙的图案只有皇室才能使用，一切有关龙的称谓都为皇室所专有，例如皇帝的后裔是为龙种，皇帝的容貌称龙颜，皇帝的身体称龙体，皇帝的朝服称龙袍，皇帝的座椅卧榻称龙椅、龙床，如此等等。《大唐新语》中还有关于"龙须"的一段故事：李勣是唐太宗倚重的大臣，李勣得病，医生开出的药方中有一味"龙须灰"，"龙须"何方才能得之？唐太宗得知以后，不惜剪下了自己的胡须给李勣入药。李勣大为感动，不久即病愈。帝王的自我定位和儒家文化的忠君思维，不断将龙推上了至高无上的皇权地位。到了明清时期，龙愈加被中国皇帝专权御用，而臣子庶民对有关龙的一切皆不得染指，违者即犯僭越之罪，轻则惹上牢狱之灾，重则招来杀身之祸。特别是清初，为了加强对汉人的统治，曾经大行文字狱，康熙、雍正、乾隆三帝在位期间，就制造了160多起骇人听闻的"文字狱"，有人被处死或流放，有人被满门抄斩甚至株连九族。在如此吹毛求疵,无限上纲,甚至无中生有的文化环境中,稍有不慎,即会陷入"文字狱"的祸坑。"龙睛"金鱼虽然早已传世,但是在国内见诸于文字却已是岌岌可危的晚清,缘由恐怕盖因于此。至于民间赛龙舟,舞龙灯,那是百姓欢乐喜庆和祈福太平盛世的传统习俗,应另当别论。

龙睛金鱼身形粗壮,鳍条发达,游姿飘逸,色彩变化最为丰富。品种有红龙睛、黄龙睛、墨龙睛、蓝龙睛、紫龙睛、白龙睛,还有多种色彩组合的红白龙睛、红黑龙睛、黑白龙睛、三色龙睛、五花龙睛、红黑麒麟斑龙睛、黑白麒麟斑龙睛等。

龙睛金鱼的鉴赏要点:

1. 吻短头宽,头宽方能眼大,尖吻则有"尖嘴猴腮"之嫌,不符合审美标准。眼睛是该品种的主要特征,双眼凸出于眼眶,形如算盘珠(或棋子),圆大而左右对称,最忌两眼大小不一。巩膜向外侧过分凸出呈"牛犄角"形状的称"牛角眼";眼形虽大而不圆、中间有束腰呈苹果形或荸荠形的称"荸荠眼",此两类眼型虽有奇特之象,但是不符合当代审美观念,亦为玩家所忌。

2. 身形粗壮丰腴,背峰高耸,尾柄粗壮。背鳍直立如帆,胸鳍、腹鳍、臀鳍长而飘逸。

3. 尾鳍四开,宽大舒展,有燕尾、凤尾等多种尾形。燕尾宽大完整对称平

龙睛金鱼

展,尾鳍两侧尾棘平直硬挺不弯曲。长长的凤尾多超过身长,静止时犹如下垂的凤尾,游动时如同飘摆的长裙,给人以轻纱曼舞、美妙非凡之感。

4. 色泽鲜艳,鳞片完整有光泽。花色鱼的色彩分布与搭配不仅要有特色,而且符合审美需求。

5. 体态匀称健美,游姿平衡。

龙睛金鱼虽属相对粗放的品种,但是一双向外突出的眼睛特别容易受到伤害,需要在饲养过程中特别注意。许多原本品相很好的金鱼,因为眼睛受到损害,成为左右不对称的"大小眼",甚至成为"独眼龙",而失去观赏价值。

利用龙睛金鱼与其他种系的金鱼杂交,又可以衍变出许多复合性状的品种,如鹤顶红龙睛,虎头龙睛,狮头龙睛,绒球龙睛,珍珠鳞龙睛……

白质红章　宛若锦绣

风姿绰约蝴蝶尾

蝴蝶是点缀大自然的精灵,它们的幼虫丑陋怪异,以植物的叶片为食,化蛹成蝶后,以其缤纷的色彩和翩翩飞舞的美丽形象,历来是中国传统文化咏叹的一个美好事象。蝴蝶生命短暂,一般制作成标本供人们欣赏,那么如果将金鱼培育成为五彩缤纷的"水中蝴蝶",这一奇妙的幻想能够成为现实吗?

蝴蝶尾金鱼是从龙睛金鱼中培育出的一个变异品种,早在清乾时期扬州史料中已有记载,如《扬州画舫录》中记述当时的金鱼品种"有文鱼、蛋鱼、睡鱼、蝴蝶鱼、水晶鱼诸类";清道光十四年姚燮《红桥舫歌》中也提及蝴蝶尾金鱼:"红瓷新长蜻蜓草,碧碗闲调蛱蝶鱼。"(蛱蝶即蝴蝶)现代各金鱼产区都有蝴蝶尾金鱼出产,以江苏如皋所产蝴蝶尾金鱼最为名贵。蝴蝶尾金鱼经过长期定向选育，身形和尾形等已与龙睛金鱼有了较大分化。蝴蝶尾金鱼躯干短圆，尾鳍宽大形似蝴蝶的蝶翅。宽大舞动的蝶尾映衬着娇小的身躯，款款游动的形态风姿绰约，恰似水中翩然起舞的蝴蝶。中国人以自己的文化视角，创造出一段"化鱼为蝶"的神奇，不也是对人类文明一个小小的贡献？

粉蝶

提起"化蝶"，人们自然都会联想到梁山伯与祝英台的爱情传说。

"梁祝"故事发生在晋代，封建时代"男女不相授受"，女子一般不能进入塾堂读书。祝英台自幼聪慧好学，求得父亲允应后女扮男装外出求学，并与同窗梁山伯感情甚笃，兄弟相称。三年学业完成，二人依依不舍，西行相送远至十八里。临别之际，祝英台借物抚意，暗示对梁山伯的爱慕之情，并伪称家中九妹品貌与己酷似，愿为九妹作媒许配梁兄，并留下"蝴蝶玉扇坠"为信物。含泪依依惜

黑蝶

别之际，叮嘱梁兄一定要早日前往祝家提亲。

梁山伯拜别师父时，才从师母那里得知祝英台真相，赶忙前往祝家提亲。谁料，祝家已将女儿许配给太守之子马文才。梁山伯悔恨交加，相思成疾，病入膏肓之时嘱其母将其葬于英台出嫁的必经此地，以便死后能再见英台一面。

祝英台得知父亲已为自己许下婚事，又知梁兄曾来提亲被拒，再闻梁兄

彩蝶

飞来双蛱蝶　相伴意悠然

为己殉情而死,悲痛欲绝。出嫁前向父母提出必须顺路祭拜梁兄亡灵,否则绝不出嫁。婚娶当日,风和日丽,但到得墓前,突又狂风四起。英台下轿眼望梁兄石碑,伤心欲绝,声泪俱下,奋力撞碑而死。家人念其义烈,遂将梁祝二人合葬。事毕,忽见墓中一双蝴蝶翩翩飞出,凌空而去。凄美的故事结局,使得人们为之痛惜的心灵藉此得到些许安慰。

　　梁祝故事历史久远,影响广泛,对中国文化的发展产生了很大影响。今天我们在静心欣赏身姿曼妙的蝴蝶尾金鱼时,联想到梁祝忠贞不渝、为爱殉情,化为美丽蝴蝶的民间传说,发思古之幽情,念世事之沧桑,从中得到一些善和美的感悟,又何尝不是心灵的净化? 能够在培育金鱼过程中,演绎"化鱼为蝶"的神奇,难道不是源远流长的中华文化浸润人们的思想和行为所凝练出的结晶?

霓裳羽衣

　　蝴蝶尾金鱼以经典的外部形态,鲜艳的色彩,娇媚的身姿,堪称中国金鱼之代表。蝴蝶尾金鱼的尾鳍不仅有如同蝴蝶般的造型,款款游动的姿态更是风雅迷人。

蝴蝶尾金鱼色彩非常丰富,极具观赏性。除了有红蝶尾金鱼、黑蝶尾金鱼、蓝蝶尾金鱼、紫蝶尾金鱼、白蝶尾金鱼、雪青蝶尾金鱼,还有多种色彩组合的红白蝶尾金鱼、红黑蝶尾金鱼、黑白蝶尾金鱼、红黑白三色蝶尾金鱼、五彩蝶尾金鱼、红白麒麟斑蝶尾金鱼、红黑麒麟斑蝶尾金鱼、黑白麒麟斑蝶尾金鱼等等。还有各

天姿绝色

种"巧色""对花"可谓层出不穷：如
"口镶红蝶尾金鱼""十二红蝶尾金
鱼""十二黑蝶尾金鱼""熊猫蝶尾
金鱼""火眼""金眼""银眼""朱砂
眼"等等。在精心饲养的过程中，奇
异的色彩变幻令人期待，亦给人们带
来意外之惊喜。

蝴蝶尾金鱼的尾鳍形状也可以细
分为三类：平直尾（尾鳍展开呈 180
度），小回雉尾（尾鳍展开大于 180
度），大回雉尾（尾鳍展开大于 180
度，尾尖达到甚至超过胸鳍鳃盖），回
雉尾在黑蝶尾金鱼、蓝蝶尾金鱼中更
为常见。

蝴蝶尾金鱼游动缓慢，适宜在较
小的水体中饲养。与龙睛金鱼相比，
蝴蝶尾金鱼的饲养难度要大得多，特
别是尾形的挑选与养育成为一大难
点。蝴蝶尾金鱼特别讲究尾形，挑选
时后代的淘汰率也特别高，符合标准
的一般仅为 10%~20%。即使留下的金
鱼，在以后的饲养过程中尾形可能还
会变化，不合意的需继续淘汰，直至定
型。所以得到一尾头、眼、身、尾以及
色彩均大致合意的蝴蝶尾金鱼，是需
要有百里挑一的工夫。

蝴蝶尾金鱼的鉴赏要点：

1. 吻短头宽，双眼突出于眼眶，与
头部中轴线垂直为好，圆如算珠，大而
对称。

水中蝴蝶

2. 身形宽短丰腴,背峰高耸,尾柄粗短。背鳍直立如帆,胸鳍、腹鳍、臀鳍末端圆钝。

3. 尾鳍四开,宽大完整对称、形似蝶翅或打开的纸扇。尾叶分叉以一条直线为好,夹角不可过大,一般应小于 10 度。尾鳍平整,前缘略向体侧前方勾曲翻翘,尾梢甚至可以超过胸鳍、直抵鳃盖(称"回雏尾"),尾鳍边缘完好无损,尾鳍两侧尾棘平直坚挺不弯曲。尾长与身长的比例接近或超过 1:1。

4. 色泽鲜艳,鳞片完整有光泽。花色鱼的色彩分布与搭配不仅有特色,而且符合审美需求。

5. 体态健康,游姿平衡而且具有该品种的游姿特色。

名品欣赏·蝴蝶尾金鱼

妙趣横生舞绣球

"冰雪为容玉作胎,花向美人头上开。"

绒球金鱼又称绣球。鱼的吻部上方有一对司嗅觉的鼻腔,鼻腔前端分别有一对小小的瓣膜,称鼻隔膜。在金鱼的饲养过程中,有些金鱼的鼻隔膜比较发达,形成球状褶皱,既奇特而又富于观赏性。绒球金鱼的培育就是利用了这一变异特点,经过长期定向选育和遗传,该鱼品的鼻隔膜发育成为一对甚至两对直径超过 5 毫米的肉质褶皱,通俗地称之为"绒球"。

绒球常见有鲜红色或玉色,顶在头部前端犹如插上了两朵鲜艳的花朵,静如含苞待放,动若盛开之鲜花,随着金鱼的游动,绒球上下飞舞,又像是在舞动玩耍着的绣球,给人以妙趣横生的感受。有些金鱼因为绒球与鼻孔之间连接的肉茎非常细长,球花随着金鱼的游动在水中飘来荡去,静伏时又往往随着水流被鱼吸入吐出,在口中进进出出,好像是在表演逗趣的杂耍。

头上插花古人称"簪花",早在汉代就有此类习俗,到了唐代已非常流行,不仅女子簪花,男子也常常为之。唐代《辇下岁时记》载:重阳日"宫掖间争插菊花,民俗尤甚"。我们还可以从王昌龄和杜牧的诗句中看到当时男女簪花的流行,如"茱萸插鬓花宜寿""菊花须插满头归"。簪花还成为酒宴上的礼数,武一平在《景龙文馆记》中记叙他参加唐中宗李显正月初八立春日设宴招聚近臣,宴席中人人插一枝中宗亲赐的彩花,其中还有一种式样称作"学士花"。

两宋时期,簪花之风更盛,无论男女,均以头戴鲜花为美。欧阳修《洛阳牡丹记》载:"春时城中无贵贱皆插花,虽负担者亦然。"特别是每遇佳节,男女老幼,个个戴花:民间百姓三月三戴荠菜花,六月六戴茉莉花,九月九戴菊花,春节又多戴腊梅花。朝廷簪花则讲究尊卑有

姹紫嫣红　满圆春色

97

古代仕女簪花图

序,皇帝赐花也成为对文武百官的恩泽,但是分为若干等级:罗花最贵,宰执以上官方可得之;栾枝次之,赐以卿监以上官员;绢花则赐予将校以下各官。吴自牧《梦粱录》载:为皇太后生日设宴"前筵毕,驾兴,少歇,宰臣以下退出殿门幕次伺候。须臾传旨加班,再坐后筵,赐宰臣百官、卫士、殿侍、伶人等花,各依品位簪花。上易黄袍小帽,驾出再坐,亦簪数朵小罗帛花帽上。"

宋代还流传"四相簪花"的故事。刘攽《芍药谱》记载:"(芍药)花有红叶(瓣)黄腰者,号金带围,有时而生,则城中当出宰相。韩魏公(韩琦)守维扬日,郡圃芍药盛开,得金带围四,公选客俱乐以赏之,时王珪为郡倅,王安石为幕官,皆在选中,而缺其一。花已盛开,公谓今日有过客即使当之。及暮,报陈太傅升之来。明日即开宴折花插赏。后,四人皆为首相。"这段四人簪花、后三十年间又均拜为宰相的佳话,在沈括的《梦溪笔谈》中亦有记载。簪花不仅是为了装扮,还能发吉兆,究竟是虚诞附会之说,还是事有巧合之谈,后人不必细究。赏鱼既然是文人雅士的爱好,那么让金鳞似锦的金鱼也簪上艳丽的花朵,这又何尝不是一桩趣事?这里借用宋人杨巽斋的一首小诗,亦颇得诗趣:

麝脑龙涎韵不作,熏风移种自南州。
谁家浴罢临妆女?爱把闲花插满头。

绒球金鱼根据色彩的变化有紫绒球、紫白绒球、红绒球、红白绒球、五花绒球、樱花绒球等品种。常见的紫绒球金鱼通身紫金色,与一对色泽红艳的绒球形成鲜明的视觉对比,有些紫绒球金鱼

冰雪为容玉作胎 花向美人头上开

还会随着季节和鱼龄的变化由紫色逐渐变为红色,其中仅头部由紫色变为鲜红色、身体其他部分仍然为紫色的称为"朱顶紫龙袍绒球金鱼"。 此外,绒球金鱼也有蛋种和

金鱼文化艺术欣赏

JIN YU WEN HUA YI SHU XIN SHANG

紫裳凤尾　鲜花满头

文种之分,近些年蛋种绒球比较少见,文种绒球更为流行。

绒球金鱼是一个比较容易饲养的品种,但是也要防止绒球受到伤害以后,出现一对绒球大小不一或者"单球"的现象。绒球金鱼的遗传性状比较稳定,用绒球金鱼与狮头、虎头、望天、龙睛金鱼杂交育种,可以培育出具有复合性状的金鱼品种,如狮头球、虎头球、望天球、龙睛球等,增加了新的观赏元素,深受人们的喜爱。

虎头金鱼、兰寿金鱼也常见有鼻隔膜发育成为绒球的,更增加了观赏的趣味,一对球花晃动于"虎头虎脑"之上,形象憨态可掬,令人爱不释手。绒球金鱼源于鼻隔膜发达的发头类金鱼,由于基因遗传,二龄以上绒球金鱼头面会出现较薄的肉瘤。

绒球金鱼的鉴赏要点有:

1. 绒球大小适中对称,紧贴鼻孔,球花致密而不松散,以色泽鲜红者最具观赏价值。一对绒球之中有一红一白两种颜色的称之为"鸳鸯球"。

2. 文种类绒球金鱼:背鳍直立如帆,四开尾鳍平直舒展,高背峰、腹部圆润者更显雍容华贵。

3. 蛋种类绒球金鱼:口阔吻短,头面肉瘤发达。身形短圆似蛋,背弧光滑线条优美,四开尾鳍平展、长短适中。

4. 鳞片完整富有光泽,色彩的分布和相互搭配协调完美,富于变化并有特色。

头簪绣球　身裹银妆

名品欣赏·绒球金鱼

红白花绒球金鱼

红白花双色绒球金鱼

紫身红绒球金鱼

端庄秀雅的红绒球金鱼

色彩对比明艳的龙睛球金鱼

紫身龙睛球

冰清玉洁鹤顶红

鹤顶红金鱼通体洁白映衬着头顶鲜红艳亮的头冠,宽大的鱼鳍和飘逸的游动姿态,似水中翩翩起舞之仙鹤,取名为"鹤顶红"金鱼。鹤顶红金鱼之品名早已有之,明代屠隆的《金鱼品》、清代句曲山农的《金鱼图谱》等著述中均有记载,并且这一品种名称一直沿用至今。

鹤为美丽优雅的大型涉禽,有灰鹤、白鹤、蓑衣鹤、赤颈鹤、丹顶鹤等多个种类,是中华民族十分喜爱的鸟类。丹顶鹤白羽丹顶,形态美丽,身姿秀洁,举止优雅,它们总是雌雄相伴,步行规矩,情笃而不淫,被古人视为具有很高德行的仙鹤。古人多用翩翩然而有君子之风的仙鹤比喻具有高尚品德的贤达之士,把修身洁行而有时誉的人称为"鹤鸣之士"。我国古代官方将仙鹤列为一等文禽,地位仅次于凤凰,并且是一品文官朝服上绣制的图案。

我国道教文化中,仙鹤是神仙的坐骑,被誉为"羽族之宗长,仙人之骐骥",成为连接天上人间的桥梁和搭载人们飞往仙境的仙鸟,故仙人多是以驾鹤翔云的形象在我国传统文化中浮现。死后能够升天成仙是古代先民的美好幻想,所以有徐福入海寻求仙境,有葛洪炼制长生不老的仙丹,升仙固然是一种幻想,人们还是以"骑鹤仙去""驾鹤西游"等对文人雅士的归西仙逝给予祝福。

仙鹤在我国传统民俗文化中更被视为祥瑞禽鸟,是美好吉祥和幸福长寿的象征,人们常以"鹤发童颜"来称誉老

人的健康活力，"松鹤常春""松鹤延年"等都是传统绘画中的最常见题材。自唐代始，多有文人雅士喜将仙鹤作为珍禽饲养，欣赏它高洁优雅的神态和品性，明代的唐寅有诗一首："名利悠悠两不羁，闲身偏与鹤相宜。怜渠缟素真吾匹，对此清臞即故知……"古代更有一些文人雅士终身与鹤为伴，显示自己不入流俗的清高，甚至还为死去的爱鸟营建鹤冢。

正因为对仙鹤有如此深厚的文化情结，形神酷似仙鹤的鹤顶红金鱼历来都被人们视为珍品，并作为一个传统名种延续 400 多年至今。

鹤顶红金鱼在人工培育下的演变过程，也同样印证了金鱼是在中国传统文化的观照之下，按照传统文化的审美观念培育成功的一个典型例证。根据金鱼进化演变的过程推测，最早出现的鹤顶红金鱼头顶的红斑并没有明显的凸起，因为在红白金鱼品种中（例如红白花草金鱼、红白花琉金金鱼等），也经常会出现全身银白而头部有平坦红色斑块的变异个体。鹤顶红金鱼头部红斑开始增厚凸起可能始于 17 世纪初，著于康熙年代的《朱鱼谱》曰：头顶红斑"高厚者方是"，或可佐证。

清末民初开始，人们以文种鹤顶红金鱼为育种素材，选育出头顶红色斑块呈比较规则的方块形或椭圆形，酷似在头顶盖了一枚鲜红的印章，名曰"一颗印"金鱼，品种

鹤池

特征更为精致考究和规范,很受业界追捧。

直至上世纪60年代以前,一颗印(鹤顶红)金鱼头顶红色斑块尚未形成高耸突起的肉瘤,一龄金鱼基本类似于平头型金鱼。在以后的培育过程中发现红色斑块逐步隆起的变异(特别是两龄以上的个体)更富有立体的质感也更具有欣赏价值,经过多年不间断地南北引种和人工定向杂交选育,该品种头部红色肉瘤渐趋发达向上隆起,终于形成了现今的鹤顶红金鱼,北方地区又称之为"红头帽子"。

自从高头型的鹤顶红金鱼取代了平头型的"一颗印"金鱼以后,后者逐渐销声匿迹,目前已难觅其踪影。如今鹤顶红金鱼头部向上隆起的红色头冠已胜似丹顶鹤头部的红冠,称之为"鹤顶红"实乃名副其实,既形象贴切,同时还有吉祥的寓意,成为最受人们喜爱的品种之一。

通身银白并有红色头冠的金鱼一度又被人们统称为"红高头","红高头"金鱼有文种和蛋种两个分支,文种即"鹤顶红",蛋种称作"鹅头红"。"鹅头红"的演变过程与"鹤顶红"是如出一辙,所以在"红高头"定型之前,也有将文种称作"一颗印",蛋种称为"鹤顶红",以示区分。"鹅头红"因为是没有背鳍的蛋种金鱼,培育的难度比鹤顶红金鱼大,欣赏价值却不见得比后者高,故流传并不很广,但是正因为物稀为贵,在鱼迷的圈子里还是倍受追捧。

鹤顶红金鱼的特点是鳍条宽大舒展,通身洁白的鳞片泛着银白色的光泽;双眼漆黑如珠,头顶有色彩鲜红的蘑菇

形肉瘤隆起，与洁白如银的躯干形成完美的色彩搭配和鲜明的视觉对比，游姿潇洒飘逸恰如水中翩翩起舞的一群仙鹤。

鹤顶红金鱼的鉴赏要点：

1. 头宽吻短，头部上方头冠圆正凸起、坚实饱满、表面平滑无赘疣、色泽如同石榴红一样鲜艳，两眼漆黑有神。

2. 通体鳞片洁白完整，无橙红色杂斑，光亮如同白银。

3. 躯干粗短丰满、腹部圆润，尾柄粗短。

4. 背鳍直立如帆，四开尾鳍宽大舒展，尾鳍鳍棘平直，游姿飘逸，潇洒自如。

鹤顶红金鱼给人以美丽纯洁的审美感受，更因有"鸿运当头"的吉祥寓意而倍受人们的喜爱，是市场最畅销的金鱼品种之一。鹤顶红金鱼易繁易育，品种特征的基因遗传总体比较稳定，体色除红、白、橙红以外一般无其他色彩出现。养殖生产中将四开尾鳍、躯干鳞片间杂有橙红色斑块的，以及头部红色斑块不规则或向后背延展的选作红白高头金鱼销售，又将通身鳞片银白色、头冠浅黄色的归为白高头金鱼。这两类金鱼均不作种用。培育二龄或 10 厘米以上的大规格金鱼，如选用头冠过大、身材或尾鳍偏短的个体，日后容易出现栽头、翻仰等现象。

在锦鲤、金鲫的生产饲养过程中也经常可以发现通体银白、而头顶有或方或圆的红色斑块但不形成隆起的变异种，称之为"丹顶"。

雍容华贵狮子头

狮头金鱼属于文种鱼类，品种特点是头部包括面颊皮肤组织特别异化，细胞膨大并充满质液，形成凹凸而堆积丰满的肉瘤，包裹着整个头部和面颊，形似仪态威猛鬣毛卷曲的雄狮，故形象地称之为"狮子头金鱼"。狮头金鱼不仅头面肉瘤发达，且背鳍、尾鳍宽大,身形丰满健硕,生长迅速,游姿高雅端庄,雍容华贵,在金鱼诸品种之中颇具王者风范,2005年东海水族公司曾培育出身长达到43厘米的红狮头金鱼,堪称"金鱼之王"。

名品欣赏·雍容华贵的狮头金鱼

狮子生长在东非、西亚的草原,最初是由西汉的张骞出使西域,与犀牛、长颈鹿一道,作为珍奇异兽沿丝绸之路带回我国。狮子虽然来自异域,仍然受到国人的尊崇和喜爱。我国古代称狮子为狻猊,被视为猛兽的代表,封其为"百兽之尊",并且以自己的审美文化将狮子变形为体魄雄壮,方头阔嘴,眼若铜铃,鬣毛卷曲的武猛形象,并赋予其威严和权力的象征。过去的官府衙门以及豪第贵宅都将石狮立于大门的两旁,以示门禁之严,并宣示主人的尊贵和威严。

中华民俗文化又将狮子演绎为祥瑞之兽,或石或玉,可大可小,雕刻成石狮,用以镇宅辟邪,祈求风调雨顺,国泰民安。石狮还被普遍用于桥栏,装点风景。最为海内外华人所熟悉的莫过于"狮子舞绣球"的民俗表演。每逢佳节喜庆,从南到北,从城镇到乡村,都有舞狮表演,并成为中华文化中颇具代表性的民

俗文化活动,给人们带来无比的欢乐祥和。相传舞狮起源于南北朝时期,据《宋书·宗悫传》记载,宋文帝元嘉二十三年,交州刺史檀和之奉命伐林邑,林邑王范阳使用象军作战,使宋军败北。先锋官振武将军宗悫献计,他说:百兽都害怕狮子,大象应该不会例外。于是连夜用木、布、麻等材料做成了许多狮子,又涂上五颜六色的颜料。每一个狮子都有两个士兵披架,曰"狮军",狮军埋伏于战场周围的草丛之中,还挖了许多又

大又深的陷阱。开战之日,敌方又出动象军交战,宗悫则出动狮军迎战。狮军在隆隆战鼓和呐喊声中,个个张开血盆大口,张牙舞爪直奔象军。象军惊得四处乱窜,宗悫又指挥弓箭手万弩齐发,象军有的跌落陷阱,有的人象俱被生擒,宋军大获全胜,将士们披架着狮子手舞足蹈地欢庆胜利。至此狮舞作为庆祝胜利的舞蹈在军中流行,后又传至民间。舞狮的技艺也吸收了西凉的"假面戏",唐代诗人白居易有诗为证:

西凉伎,西凉伎,假面胡人假狮子。

刻木为头丝作尾,金镀眼睛银贴齿。

奋迅毛衣摆双耳,如从流沙来万里。

如今狮舞不仅出现在喜庆佳节,还登上了舞台,以它绚丽的色彩,华美的舞姿,高超的技巧和丰富的情感,演绎着中华文化的精彩,深受中外人民的喜爱。

狮子舞绣球

红狮金鱼形体壮硕,游姿潇洒,非常容易饲养,是一个大众化品种,它不仅给人们带来美好的审美享受,在民俗文化意义上既象征"金玉满堂,年年有余""红红火火,兴旺发达",又被寓意成能够为主人"镇宅护院,驱魔辟邪"的瑞狮。难怪在众多金鱼品种中,红狮金鱼是最受人们喜爱的品种之一。

狮头金鱼的鉴赏要点:

1. 头宽吻短,两眼有神。肉瘤发达包裹整个头面。正面或俯视圆似灯笼,几乎与胸腹围等宽甚至略大于胸腹围。俯视头部或圆或方,头围超过胸腹围。肉瘤密实不松散、无赘疣。

2. 躯干粗短丰满,背峰发育较好,腹部圆润,尾柄粗短。

3. 背鳍直立如帆,四开尾鳍宽大舒展飘逸,游姿平衡,潇洒自如。

4. 鳞片完整,富有光泽,色彩鲜艳,色块分布合意。

狮头金鱼色彩变化非常丰富,能够基本定型并稳定遗传的达到十多个品

红狮头金鱼

种。有红、白、蓝、紫、红白、黑、红黑（包金）、玉印、黑白、三色、紫白、蓝花、红白花、朱顶紫罗袍等。

黑狮头金鱼

红狮头金鱼：狮头金鱼中最大宗的一个品种，红狮金鱼色彩红艳，头部肉瘤也最为发达，丰满的肉瘤包裹了整个头面，正面或俯视观赏犹如大红灯笼，令人叹为观止。红狮金鱼以其显著的品种特征、威风八面、气宇轩昂，尽显王者风范。对于喜欢红色喜气的各地华人，红色代表喜庆吉祥，逢年过节厅堂之中摆放数尾红狮金鱼，更可给节庆增添欢乐祥瑞的喜庆氛围。

面如白玉的红白花狮头金鱼

红白狮头金鱼：红狮金鱼的变异品种。除了具有狮头金鱼的一般特征，体表色彩红白相间，白色鳞片银光闪亮，红色鳞片鲜艳夺目。红白狮头金鱼以色块完整、切边明晰最具观赏性。如通体鳞片由红转为银白，口唇、眼圈、胸鳍、腹鳍、臀鳍、背鳍、尾鳍为红色者，则为红白狮头金鱼中十分稀罕的"十二红狮头金鱼"。

黑狮头金鱼：也是红狮金鱼中的一个变异种。金鱼幼鱼在变色过程中，由青灰色转为黑色，如果黑色能够持续保持，则为黑狮头金鱼。黑狮头金鱼色彩遗传比较稳定，多数个体能够终生保持黑色。

红黑狮头金鱼：幼鱼由青灰色转为黑色，再逐渐由黑色转为金黄色。在变色过程中形成的金黄色与黑色组合搭配，就有了红黑狮头金鱼。因为红黑狮头金鱼在变色过程中往往头部和腹部两侧首先变为金黄色，形成黑色包围金黄色的所谓"铁包金"，所以一般也将红黑狮头金鱼称为"铁包金狮头金鱼"。

玉印狮头金鱼：周身以红色为主，惟

铁包金狮头金鱼

107

头顶肉瘤呈现半透明的玉色,形似一枚玉印,称之为"玉印狮头金鱼",此品种已基本定型并能够批量生产。

白狮头金鱼:幼鱼仍为青灰色,但是在变色过程中,表皮既无色素细胞也无反光质,而呈现淡肉红色,因观赏价值不高,一般作为次品淘汰。另有红白狮头金鱼或黑白狮头金鱼在变色过程中,表皮色素细胞退去,但是鳞片有反光质,体表呈现出

玉印狮头金鱼

白蜡色或银白色。白狮头金鱼虽然颜色略显单调,但是与其他色彩的金鱼搭配饲养,仍然可以增加观赏情趣。头形好的个体,也可以作为遗传育种的材料。

黑白狮头金鱼:黑白狮头金鱼幼鱼阶段由青灰转为黑色,以后随着鱼龄的增长,体表白色部分首先在腹部两侧逐步呈带状显现,黑白相间的色彩分布形似我国大熊猫的独特体色,所以形象地称之为"熊猫金鱼"。黑白狮头金鱼在饲养过程中,随着鱼龄的增长,黑色会逐步淡褪,白色部分不断扩大,最后变为全白时观赏价值也随之降低。所以在批量生产过程中,一般黑白变色恰到好处时,应及时出售,失去了观赏价值的金鱼其经济价值也大打折扣。

三色狮头金鱼:体表色彩由绛紫、白、黑三色相间组成,绛紫色与黑色较淡,与银白的底色搭配成淡雅的色彩组合。三色狮头金鱼随着鱼龄的增长,绛紫色与黑色会逐渐褪去,变成白色或淡灰色而失去观赏价值。所以,三色狮头金鱼的最佳观赏期一般三年左右。

狮头金鱼

紫狮头金鱼：紫狮头金鱼是色彩遗传比较稳定的一个品种，紫狮金鱼雄狮般的头部和雄健的身形，通身鳞片闪现着古铜色金属光泽，犹如披挂铠甲的武士。特别值得期待的是，紫狮金鱼中往往会出现头部变为鲜红色的个体，红头紫身更增加了观赏性，称之为"朱顶紫龙袍"。紫狮金鱼中出现的紫白、紫蓝金鱼也非常珍贵。

紫气满庭·紫狮头金鱼

蓝狮头金鱼：体表呈水墨蓝色彩，鳞片闪现靛蓝的金属光泽，在金鱼大宗品种中别具一格。该品种色彩亦不甚稳定，随着鱼龄的增长，蓝色首先在腹部的两侧逐渐褪去，呈现"喜鹊花"或"熊猫"色型，但最终大多数会褪成"白蜡"色甚至肉红色。

鸿运当头·五彩狮头金鱼

五花狮头金鱼：五花狮头金鱼也是狮头金鱼中的大宗产品。特点是部分鳞片没有反光层，虽然少了些许明丽，但是体表有红、橙、黄、黑、青、蓝、紫等丰富的色彩。五花狮头金鱼又可细分为五花、素蓝花、樱花几类。五花金鱼诸色皆备，但由于部分鳞片缺少了反光层，颜色略显暗淡。此类金鱼中以头冠呈鲜红色的最受欢迎，这在饲养选育特别是遴选亲本时需要倍加留意，长久坚持，则必有所获；素蓝花金鱼以青、蓝为底色，分布少量灰、黑、淡黄的细碎色斑，给人以清新素雅之感；樱花类金鱼体色多以白和粉色为基调，夹杂红色斑块和反光鳞片，色斑分布变化纷繁，甚为艳丽，且头冠常有红色、玉色、玛瑙色等，有很好的观赏性。

鸿运高照·樱花狮头金鱼

珠光宝气皮球花

珍珠鳞金鱼的特点是体形圆润呈皮球形,鳞片中部骨质层增厚凸起呈现乳白色,形似粒粒珍珠而得名。珍珠鳞金鱼早在19世纪就已出现。在优越的人工饲养环境中,充足的营养积累和长期的定向选育,形成了球状的体态特征,所以有人又将鼠头珍珠鳞金鱼称为"皮球珍珠"。

五彩珍珠鳞金鱼

珍珠鳞金鱼以其独特的形态深受人们的喜爱。但据比较流行的说法,珍珠鳞金鱼是在印度培育成功以后传入我国,对此提出质疑和商榷:

其一,中国金鱼流布于世界许多国家和地区,但是具有一定饲养规模并形成特色品种的却少之又少,在亚洲目前众所周知的仅有日本也出产金鱼,泰国、马来西亚等东南亚国家近些年也能够培育出所谓"泰狮"以及"泰寿"金鱼并输入我国,应该是当地华侨作出的贡献。中国金鱼17世纪进入欧洲至今已历经了3个多世纪,而且是在工业化时代的背景之下,洋人也仅仅培育出变化不大、与文鱼相类似的"布里斯托"金鱼。至于印度是否也出产金鱼目前还从未见有相关报道,在国际贸易极为发达的今天,也从未见有印度金鱼进入到中国市场,更何谈印度的珍珠鳞金鱼? 1954年,周恩来总理特地委托北京市园林局准备了100尾金鱼作为尼赫鲁总理的生日贺礼,并由宫廷金鱼培育技术的传人徐金生护送到印度,亲手交给尼赫鲁总理。试想,如果印度也出产金鱼,是否有必要将金鱼作为珍贵的国礼送到尼赫鲁总理的手中吗?

其二,金鱼的祖先鲫鱼分布于东亚的温带与亚热带地区,金鱼诸多变异都是在充足的营养条件和优越的生活环境中发生的,地处南亚的印度气候条件与金鱼的原产地有很大差别,金鱼能否在当地形成一定的饲养规模? 是否曾经有

包金珍珠鳞金鱼

过一定的饲养规模？金鱼形态特征的变异具有偶然性，需要较大的种群数量才能出现或者被发现，即使发现了某种变异，没有一定的饲养基础和规模，培育出一个新的品种也是非常困难的。

其三，从地缘文化的角度考虑，印度文化与东亚文化有很大的差别。金鱼可以说是东方文化和审美观念下的产物，中国金

白里透红·五彩珍珠鳞金鱼

鱼早在 1502 年就已流传到日本，两国文化、经济交往向来密切，在相近的文化背景下，日本培育的金鱼品种远不如中国金鱼丰富。金鱼遍及中国各地，但是能够培育出新品种或形成地方品种特色的也仅限于广州、福州、江浙、上海、武汉和京津等地，这些地区都有经济比较发达，士大夫文化氛围厚重的历史人文背景。印度是否有赏玩金鱼的文化氛围？在金鱼饲养并不普及的情况下，就能够玩养出一个珍珠鳞金鱼新品种？

其四，由于贫困和战乱，我国有很多史料散佚海外。虽然国内有关珍珠金鱼的记载见于 19 世纪末到 20 世纪初，但是日本吉田金鱼公司吉田信行在《金鱼饲养大全》中认为："珍珠鳞金鱼最早于 1848 年在中国出现。"而且认为珍珠鳞金鱼、鹤顶红金鱼、水泡金鱼、朝天龙金鱼、绒球金鱼、蝴蝶尾金鱼、高头（皇冠）珍珠鳞金鱼等都是昭和年代从中国传往日本。

中国金鱼与日本等国的金鱼在形态上还是有较大差别的，中国金鱼除了追求品种特征的多样化以外，特别讲究体态的丰满圆润，珍珠鳞金鱼可谓是杰出代表。珍珠鳞金鱼除了鳞片与众不同，体态圆如皮球。"圆"代表美满、美妙，所以中国人对"圆"字

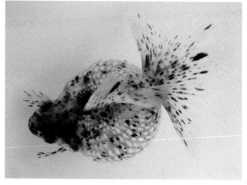

五彩珍珠鳞金鱼

满身尽披黄金甲

有特殊的情结:办事要圆满,处事要圆通,技法要圆熟,歌喉要圆润,唱腔要圆浑,家庭要团圆……在中国传统工艺制作中,还有一种最为常见、深受人们喜爱的图案叫做"团花",北方俗称"皮球花",被广泛应用于纺织、印染、刺绣、瓷器、漆器、雕刻等诸多工艺,"皮球花"可以组成风格各异、千变万化、活泼美丽的各种图案,形成"花团锦簇"的艺术风格,既有很好的美学效果,又符合中国传统文化对理想人生的释义,对春华秋实、五谷丰登年景的向往。那滚圆而又富态的珍珠鳞金鱼,不就是一朵朵色彩艳丽、动感十足、讨人喜欢的皮球花吗?再有覆以粒粒凸出、颗颗饱满、形如珍珠的鳞片,一身的珠光宝气和富贵优雅的姿态又何尝不是中华传统文化孕育出的又一朵奇葩?

珍珠鳞金鱼可以分为鼠头珍珠鳞金鱼和皇冠珍珠鳞金鱼两大类。

(一)鼠头珍珠鳞金鱼

鼠头珍珠鳞金鱼有"头如鼠,蛤蟆肚,端肩膀,细尾根"的形态特征,主要从体形、鳞片、尾鳍、色彩、游姿等五个方面鉴赏:

金鱼文化艺术欣赏

JIN YU WEN HUA YI SHU XIN SHANG

剪纸·团花

红白珍珠皮球花

1. 头吻尖小,体短腹圆呈皮球形。三角形的头部与皮球形的腹部呈 100~120 度夹角,这样的"藏头缩尾"就更加突出了球状体形的有趣和可爱。

2. 鳞片完整,纵横排列整齐,粒粒凸起饱满似串串珍珠镶嵌于体表。

3. 尾柄极短,四开尾鳍紧贴臀部,宽大舒展平整。

4. 珍珠鳞金鱼属文种类金鱼,背鳍要完整且舒张有力。

5. 鼠头珍珠鳞金鱼有红、红白、蓝、紫、红黑、包金、五花等多个品种,以红白和五花两种色彩最为常见。红白珍珠鳞要以白色鳞片为主,橙红色斑越少越好;五花珍珠鳞也要色彩淡雅,色斑疏朗碎小,像芝麻点一样洒落其间。

6. 鼠头珍珠鳞金鱼因为尾柄短、尾鳍小而游动比较缓慢,宜饲养于瓷缸中从上往下俯视观赏。

(二)皇冠珍珠鳞金鱼

皇冠珍珠鳞金鱼的特点是躯干、鳞片、尾部与鼠头珍珠鳞金鱼相似,唯头部上方的皮肤细胞组织异化发育成半透明的球形肉冠,形似皇冠上的珍珠玛瑙,为显其珍贵,取名皇冠珍珠鳞金鱼。

皇冠珍珠鳞金鱼是近代以珍珠鳞金鱼与高头金鱼(如鹤顶红金鱼)作为杂交育种的素材,培育出的一

身披霞彩珠　头冠玛瑙红

个优秀品种。皇冠珍珠鳞金鱼既保留了珍珠鳞金鱼圆球状的体形和珍珠般的鳞片,同时也融合了高头金鱼的特点:宽大飘逸的鱼鳍和向上隆起的头冠。宽大舒展的鳍条有利于身体重心的平衡和游行运动,而隆起的头冠却并没有简单地复制高头金鱼肉瘤状的冠状隆起,而是发育成为表面光滑、略显透明、形似玛瑙的球状头冠,与珍珠金鱼的外表特征以及内涵特质非常契合。皇冠珍珠鳞金鱼将两个品种的特征完美地融合于一体,给人以新奇珍稀、雍容华贵的美感和丰富浪漫的联想。

皇冠珍珠鳞金鱼可以从头冠、体形、鳞片、鳍、色彩、游姿等六个方面进行鉴赏。

1. 头冠:与鼠头珍珠鳞金鱼相比较,皇冠珍珠鳞金鱼的头部要宽大一些,而头顶的“皇冠”是最主要的看点。

穿著珠光宝气　善秀红唇艳姿

水晶宫中有玉女　婷婷袅袅一枝花

头冠发达并向上高高隆起,形成球冠,也有头冠中央有一凹陷的浅沟将其一分为二,形成双冠。头冠大小适中匀称(一般与头长的比例约0.8︰1),着生于头顶的正上方,圆形或接近圆形,"双冠"应左右对称。头冠表面光滑、略显透明、形如球形的玛瑙宝石。"皇冠"一般有红色、淡黄和玉色,也有三种色彩的拼合,多以红色的"皇冠"最受欢迎,与乳白色的体表色彩形成完美的视觉搭配,从而显得更加靓丽,更为珍稀,并且象征吉祥如意,寓意"红运高照"。

2. 体形:头部宽短,体形圆润,头部与皮球形的腹部呈100度左右的夹角,无论是俯视、侧视或正面观察欣赏,都要突出"球正珠圆"的意蕴,俯视近似于圆形,侧视接近半圆形,最忌橄榄形。

3. 鳞片:原生鳞片完整,纵横排列整齐,粒粒凸起饱满,形似串串珍珠。

4. 鱼鳍:背鳍完整,高耸如帆。粗短尾柄,四开尾鳍,宽大舒展。

5. 色彩:皇冠珍珠鳞金鱼色彩比较丰富,除了常见的红白色彩和五花色彩,还有紫色、黑色等。红白珍珠鳞要以白色鳞片

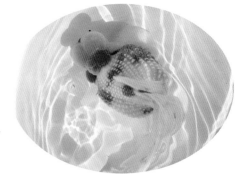

皇冠珍珠鳞金鱼

为主,红色越少越好;五花珍珠鳞也要以白色鳞片为主,其他色斑细碎疏朗,色泽淡雅。

6. 游姿:游动自如,游姿平衡。不"栽头",不"侧游"。

绰约仙子冰雪姿　珠冠琼珮下瑶池

虎头虎脑的五彩虎头金鱼

皇冠珍珠鳞金鱼色彩比较丰富,除了常见的红白色彩和五花色彩,还有紫、黑等色彩,但是因为遗传的几率小或者繁殖力低等原因,目前没有形成量产。皇冠珍珠鳞金鱼游姿飘逸,非常适宜饲养于水族缸中,以侧视的角度欣赏最佳。

珍珠鳞金鱼的饲养难度较大,在生产过程中不注重品种的选育或缺乏足够的营养,不注重水质的调节或饲养密度过高,都会导致品种特征发育不良和种质的快速退化,成为"橄榄形"的体形。操作时还要特别注意不可碰伤鳞片或使鳞片脱落,次生鳞片一般都接近扁平的普通鳞,使观赏价值大打折扣。

虎虎生威寿星头

虎头金鱼是中国金鱼中的传统优良品种之一,也是蛋种金鱼的代表品种。虎头金鱼头部肉瘤丰满发达,包裹整个头部,出棱露角,因而头型显得分外宽大,头、身比例相当,甚至各占体长的一半。发达丰满的头部肉瘤可以比较明显地区分为五大块,即头部上方一块,从鼻孔前沿开始沿眼上方直至头部的后缘;左右面颊各一块,从吻端两侧开始,上至眼圈下缘,向下沿峡部直至前鳃盖骨,似元宝形状;左右两侧主鳃盖骨部位又各有一块。因为面颊两侧的肉瘤更为发达,甚至一对眼睛也从左右两侧被挤向前侧,所以从正面观看虎头金鱼的脸面,更像是一张虎头虎脑的娃娃脸。

虎头金鱼形体粗短宽方,大者可达600克以上,胸、腹鳍短小近于圆形,背部稍弯曲呈弓形,尾鳍短而富有张力,约为体长的三分一。身形气质雄伟,游姿机灵活泼,既有虎虎生威之气质,兼具虎头虎脑之憨像。头部肉瘤层层堆积,形成凹陷纵横之纹路,联而读之,

虎虎生威

隐约可见一"王"字,恰与老虎前额之"王"字花纹联系。如此形神具备,又具民俗之中虎的形象,称之为虎头金鱼当是名副其实。

红白花虎头金鱼

虎头金鱼的得名固然有其虎头虎脑之像和虎虎生威之气势,还有丰富的民俗文化之含义。

虎威猛雄壮,被誉为"百兽之王""森林之王",历来在民间受到尊崇。古人对虎的尊崇,民间有很多富于浪漫主义的传说。明代《隆庆海州志》记载一段民间故事,颇为生动有趣:东海地方多虎患,当地每年都要将一男孩送入庙中祭祀虎神,以求得平安。这一年,有崔生自告奋勇,带上狗肉美酒,去祭虎神。崔生把酒肉摆上供桌案几,然后躲在房梁上静候。半夜时分,忽有怪物到,崔生偷窥,黑暗之中隐约竟是一妇人,只见她脱衣解带,食肉饮酒,好不痛快,直吃得醉卧酣睡。崔生从梁上下来,取其衣物,正是虎皮。于是抱虎皮出庙,扔到水井里。天亮时分,妇人醒来,不见了虎皮,彷徨不能去。发现崔生,乃大惊,哭泣着央求崔生还与衣物,崔生推说没有看见。妇人便求做崔生的妻子,崔生允应,二人回家做了夫妻,并且三年里还生了两个儿子。期间当地亦不复有虎患,乡人亦不必再以男童祭祀。某日,妇人问起当初的衣物,崔生乃据实以告,妇人去水井将其捞出,虎皮如新,妇人随即穿到身上,竟化虎而去……,后来崔生亦不知所终。真是人间虽好,然而山林才是虎的天堂。自此当地人奉崔生为山神,那座祭虎的庙也成为山神庙。在这段"人虎婚配"的离奇姻缘中,虎亦有情有义,既反映了古代人们崇虎的习俗,也赋予了虎人性化的理想境界。

虎生猛雄健,威风凛凛,在国人的心目中代表着英雄主义。自古多将英雄豪杰比作虎将,如《三国演义》中的关羽、张飞、赵云、黄

虎头金鱼·玉兔

虎头金鱼·裹头红

忠和马超被誉为"五虎上将"，他们忠勇义烈，武艺高超，冲锋陷阵，战功赫赫，受到后人尊敬。

虎又是民俗文化中驱鬼辟邪的神瑞之兽。古代将虎视为阳兽，说它是"执博挫锐，噬食鬼魅"的"百兽之长"。所以常见人们为孩子穿虎鞋，佩虎符，戴虎帽，取虎名，藉此来借助虎威，驱恶避邪，护佑平安。在山东的沂蒙山区，妇女们缝制色彩鲜艳、造型生动的布老虎，谁家生了孩子，送上一只布老虎，以示平安吉祥。虎头金鱼既有虎头虎脑的可爱形象，又有避邪趋福的民俗文化意义，寄寓着自古以来国人对虎的敬畏、尊崇、喜爱等多重文化情结，当然会受到人们的百般喜爱。

　　如果要对虎头金鱼进行一番追根溯源，那么虎头金鱼是出自金鱼中的蛋鱼一族。蛋鱼是在盆缸等小水体饲养过程中，由于自身的适应性演变和人工选择的结果而形成，清乾隆年间《扬州画舫录》有"小队文鱼圆似蛋，一缸新水翠于螺"即谓此类蛋鱼。与比较原始的金鱼形态一样，"蛋鱼"的前辈也身形较长，因为出现了背鳍缺失的变异，身形粗圆如管被古人称之为"管鳞"，并将身披金鳞的称作"金管"，身被银鳞的称为"银管"。"管鳞"金鱼大约出现于明代中叶，此类异种与普通鱼类有较大的形态差异，特别是从俯视的角度观看，背如蛇蟒，锦鳞灿烂，有非常别致的观赏效果，遂被视为金鱼中的珍品并成为人们热捧的对象。明代屠隆《金鱼谱》曰"第金管、银管、广陵、

红虎头金鱼

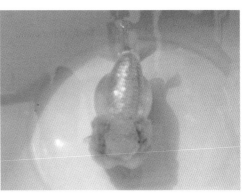

白虎头金鱼

玳瑁色彩的虎头金鱼

五彩虎头金鱼

红白花虎头金鱼

新都、姑苏竞珍之。""第"在古汉语中意为"但",用在此处是为了突出"金管银管"在各色金鱼中的地位,"广陵、新都、姑苏"为现在的扬州、北京和苏州。称作"金管""银管"的金鱼在以后张谦德的《朱砂鱼谱》、蒋在雛的《朱鱼谱》中也都有提及,句曲山农在《金鱼图谱》中对金鱼的品种之别作了描述,对所谓"金管、银管"的注解是:金鱼"脊之别,有金管、银管,凡有管者脊如虾而无鬐",意为无论金管、银管,凡是"管鳞"一类的金鱼均背如虾脊而无背鳍。此类金鱼在以后的进化过程中,身形逐步由"管"衍变为"蛋",并终于被"蛋鱼"所取代,而所谓"金管、银管"之名称亦随之湮没于历史的记忆之中,乃至今人不知其所指竟为何物。

蛋鱼作为金鱼的一个分支流传各地,与有完整背鳍的金鱼共同进化,并衍生出许多品种而自成一类,通称"蛋种金鱼"或"蛋族金鱼"。

虎头金鱼至迟出现于19世纪中叶以前,时为清嘉庆年代,收录于姚元之(1773~1852)《竹叶亭杂记》中的《金鱼饲育法》曰:"此种(蛋鱼)无脊刺,圆如鸭子(蛋),其颜色花斑,均如龙睛,唯无墨色,睛不外凸耳。身材头尾,所尚如前。又有一种,于头上生肉指余厚,致两眼内陷者,尤为玩家所尚。以身纯白而首肉红为佳品,名曰狮子头,鱼愈老其首肉愈高大……"此种头部长有肉瘤,致两眼内陷,并且愈老头部肉瘤愈发达的蛋种金鱼,就是今天我们所看到的虎头一类金鱼。

虎头金鱼头面古拙,身形粗壮,颇具富贵之相,还兼有一股老丑而不讨嫌的神韵,故近代又得名"寿星头"或称"寿星",亦取吉祥之意。在各类金鱼中,虎头金鱼也的确是自然寿命和观赏寿命较长的一类，是当之无愧的"寿星"。虎头金鱼头部肉瘤发达丰满，与狮头金鱼同为发头类金鱼，但是两者头部肉瘤的分布与形状还是有一定的区别。狮头金鱼头部上方肉瘤比之虎头金鱼更加发达，而虎头金鱼则是面颊与鳃盖部位肉瘤更为丰满，嘴和两眼都深陷其中。

鹅头红金鱼

经过长期杂交选育，由虎头金鱼又衍生出许多观赏价值较高的品种，除了有红虎头、红白虎头、黑虎头、白虎头、蓝虎头、五花虎头等诸多品种之外，还有一些特色品种，例如红顶白蛋高头虎头（鹅头红）、武汉猫狮头、红顶白虎头等。蛋种金鱼由我国传入日本后，日本人民也根据本民族的审美观，培育出了颇具特色的兰寿金鱼。

虎头金鱼的鉴赏要点：

1. 口吻短而宽阔，头面肉瘤发达丰满，从侧上方俯视观察，近似于圆或略方，头宽超过胸腹宽度。两眼有神，鼻隔膜发育成绒球则更具观赏价值。

2. 躯体短圆，背部稍向下弯曲呈匀称光滑的弧形，腹部丰满圆润，尾柄粗短，背部至尾鳍基部肌肉粗壮发达。

3. 尾鳍宽短，四开尾，平展或略有夹角，硬挺而富有张力。

虎头金鱼家族中的特色品种有：

鹅头红。又称"宫廷鹅头红"，特点是身形粗短圆润，尾鳍较为宽大。通身鳞片银白色，胸鳍、腹鳍、臀鳍和尾鳍均白色。头顶上方有鲜红色的头冠，发达并呈向上隆起，形状类似于鹤顶红金鱼。

红顶白虎头。头方、背阔、短身、中尾。通体银白色而无其他杂斑，头面肉瘤发达呈半透明的玉色，头顶正上方肉瘤鲜红色，近似于一枚红色的方印，又形同白玉之中镶嵌了一方鲜红的玛瑙。玩家以"前不超过鼻孔，后不漫过脊背，左右两侧不超过眼眶"为正宗，据许祺源先生称，该鱼是以优质"白虎头"与

头冠发达身形粗短的红虎头金鱼

119

"红顶虎"多次杂交、回交并长期选育得到的优秀品种。红顶白虎头适宜俯视观赏，但标准之个体比例很少。

红白花鸳鸯眼猫狮头金鱼

虎头球。也有头方、背阔、短身、小尾等特点，头面肉瘤发达丰满，鼻隔膜发育成一对小巧玲珑的绒球，游动时前后摇晃，悠然自得，形态奇美，讨人喜爱。

武汉猫狮头。头部肉瘤特别发达，两眼略上视，有人称其为"簸箕头"，亦有虎虎生威的气势。

兰寿金鱼。与虎头金鱼相比较，身形粗壮略偏长，头部肉瘤亦发达，特别讲究背部弧线圆滑以及尾鳍与背弧的夹角，尾鳍短小平展，富有张力。各地培育的兰寿又有其地域特点：日本兰寿身形偏长，尾柄粗壮，头部吻瘤向前突出；泰国兰寿头部吻瘤向前突出，身形粗壮；福州兰寿体形短圆，称作"福寿"。

名品欣赏·虎头金鱼

柔美灵动水泡眼

水泡眼金鱼是中国金鱼中形象比较奇特而又名贵的传统品种之一。该品种的特点是眼睛大小正常,但是双眼凸出于眼窝之外并向上翻转90度朝向头顶上方,左右眼睛的外侧下方分别生出半透明的球状泡囊,泡囊大而壁薄,隐约可见丝线状的微细血管,泡囊之中充盈着透明的体液,成为非常奇特的水泡眼。

红水泡金鱼

水泡眼金鱼不仅外形奇特,同时也极具观赏性和趣味性,它们携着一左一右两个大水泡,活像提遛着两个彩色大气球晃晃悠悠地四处游荡,如果没有一把子力气,焉能如此悠游自在?水泡眼金鱼因为生性活泼好动,总爱在水中不停地游弋,两个水泡随着身体的摆动不停地左右摇晃,时不时地还来一个急刹车或者是急转弯,身子是停住了,可是两个大水泡却不怎么听使唤,忽的一下被甩向前方,紧急着又被拽回来,实在惹人怜爱又十分逗趣,通观自然界再没有其他鱼类有如此奇特的外貌而且趣味十足。也许还有点儿"近视"吧,水泡眼金鱼总是戴着一副金丝眼镜四处张望,所以当水面有食物时,它们总能很快地觉察到,拼着力气以最快的速度获取,但当食物沉入水底,眼边两个可爱的大水泡又有点碍手碍脚了,要想得到食物就只能凭嗅觉或者瞎碰运气了。

除了十足的动感,水泡眼金鱼的外貌还体现出圆润柔美的特点,形如鸭蛋的体形和两个又大又圆的水泡,三个圆恰巧组成了一个"品"字形排列,容易使人联想到中国传统文化中"三元及第""连中三元"等佳话,所以水泡金鱼又何尝不是美好吉祥的化身?特别是提遛着两个红灯笼的红水泡金鱼,不仅形象奇特楚楚动人,更可以从民俗文化的

五彩水泡眼金鱼

角度诠释人们对它的喜爱。灯笼不仅用于照明，更有象征着前程光明的寓意，是中华民俗文化中最具典型意义的节庆饰物，婚嫁喜事、生日寿宴、喜庆佳节、迎送宾客，人们都要张灯结彩，悬挂大红灯笼，烘托出一片欢乐祥和的喜庆氛围，寄寓着对美好生活前景的期盼。那些身着红妆的水泡金鱼，好奇地瞪着一双金色的眼

素兰花水泡眼金鱼

睛，提遛着两个大红灯笼，摇头摆尾地鼓浪前行，除了赶来凑凑热闹，不也是在表达着对人们的深情祝福吗？

红水泡金鱼

水泡眼金鱼一左一右两个圆圆的水泡，随着款款游动的身姿，在绿水碧波之中不停地晃动，给人以特别的柔美灵动之感。所以从气质上看，水泡眼金鱼又是中国金鱼柔美灵动的典型代表和完美体现。中国传统文化既崇尚"刚健"，同时也十分推崇"守柔"，老子在《道德经》中说"天下之至柔，驰骋天下之至坚"，还有"以柔克刚"和"柔弱胜刚强"等人生哲学观点也都在金鱼的演变之中得到体现。金鱼是在中国传统文化的观照之中孕育和创造出来的，所以它的一切都镌刻着中国传统文化的深深烙印。

水泡眼金鱼有蛋种和文种两个系列，从遗传学的角度，有背鳍相对于无背鳍为显性，所以文种水泡眼金鱼的遗传比较稳定，在子代中很少有无背鳍的蛋鱼出现；而蛋种水泡眼金鱼的遗传稳定性较差，经常会有所谓"扛枪带刺"甚至有完整背鳍的个体出现，这

红白花水泡眼金鱼

就给蛋种水泡眼金鱼的生产带来很大麻烦,包括背部凹凸不平的很多幼鱼都要在生产过程中仔细甄别并淘汰。

当代人们习惯上视蛋种水泡眼金鱼为正宗,而长有背鳍的"扯旗水泡"却在市场不甚受欢迎,因为去掉了多余的背鳍,水泡金鱼更能突显它典雅柔美圆润灵动的品种特色,也更加符合人们的审美取向。

湖南凤凰杨家祠堂中的壁画

关于水泡眼金鱼出现的年代一般认为是 19 世纪末到 20 世纪初。湖南凤凰古城有建于清道光年间(1821~1850)的杨家祠堂,祠堂壁画中绘有一对盘桓游动的水泡眼金鱼。那么,水泡眼金鱼是否出现于 19 世纪中叶或者是更早的年代?

水泡眼金鱼出现后的一百多年中,外部形态随着人们的审美取舍和对遗传基因的改良处于不断演进的过程之中,例如水泡就历经了由小到大的进化过程,至今由于种质和饲养水平等原因,水泡金鱼仍有"软泡"和"硬泡"等质量之分,前者圆大而柔软,后者泡形很小并且头部形如蛤蟆,所以又称"蛤蟆头",因观赏价值较低,一般被视为品种的返祖退化,需要改良或者淘汰。上世纪 90 年代辽宁营口的田庄先生还成功培育出了"四泡金鱼",四泡金鱼除了一对眼泡,在头部的下颌部位还生有一对水泡,称"颌泡"。颌泡不同于眼泡,是在下颌部位生成一左一右两个囊袋,囊袋与口腔相通,随着鱼儿张口呼吸,颌泡中的水亦随之或进或出,颌泡也就随之扩张收缩,忽大忽小,十分逗趣,因此又取名为"戏泡金鱼",该品种在全国金鱼展评中备受瞩目并屡次获奖。

黑水泡金鱼

五花水泡眼金鱼

水泡金鱼与其他品种金鱼杂交,形成复合性状的诸如高头水泡眼、珍珠鳞水泡眼等,这些"多料"的金鱼往往在品种特征的发育上相互牵制而受到影响,并且缺乏整体的和谐之美,一般不为人们所推崇。水泡金鱼中的一些新品系如弓背蓝水泡,身材更加短圆粗壮,背弧发育良好,更能显现蛋种金鱼的特色,可能代表着水泡金鱼的改良方向。

红白花水泡眼金鱼

水泡眼金鱼奇特有趣但是属于比较娇贵的品种,有一定的饲养难度。因为前面有两个大水泡,所以游动时需要多花些力气,也需要消耗更多的氧气,因此对水体中的溶解氧有更高的要求,如果水中溶氧不足,首先感到难受并且先受其害的一定是水泡金鱼。所以有经验的饲养者都知道水泡金鱼不耐低氧,需要通过充氧和降低密度来避免缺氧情况的发生。两龄以上规格较大的金鱼,水泡很容易受到损伤或者充血感染,出现诸如脓泡、大小泡、水泡鼓胀以及水泡瘪塌等情况而影响观赏,这些需要在饲养过程中注意避免,在溶氧充足和水质清洁的饲养环境中,受伤的水泡也有康复的可能。

红白水泡金鱼

白水泡金鱼

蓝水泡金鱼

红白花水泡眼金鱼

左右两个水泡是欣赏水泡金鱼的视角焦点,水泡须左右对称、大小一致,充盈饱满、大而浑圆,但也并非越大越好,失去了与形体的协调,反倒有畸形累赘之感。一般认为恰当的比例是两个水泡之间的横向距离与体长的比例达到 1∶1 左右最具观赏性。

蛋种水泡眼金鱼的鉴赏要点:

1. 吻部宽平。两眼向上翻转平整,眼圈呈金黄或银灰色,具有金属光泽。眼泡圆大饱满透明,富有弹性,左右对称。

2. 躯干椭圆呈蛋形,体形圆润丰满。背部无残鳍、无棘突,背弧圆滑流畅。

3. 胸、腹、臀鳍左右对称。尾柄粗短,燕尾形尾鳍宽大呈四叶展开,两片尾叶略有夹角,静伏时舒展平整,游动时尾鳍略微上翘,体质健康,游姿平衡。

4. 色彩鲜艳,鳞片完整,富有光泽。红色红如火焰,黄色灿若黄金,五花品种体色淡雅以青灰色为基调,红、橙、黄、白、黑、紫色彩点缀分布协调。头部上方如有鲜红色斑块,则更显珍贵吉祥。

红白花水泡眼金鱼

水泡眼金鱼依据不同的颜色派生出许多品种,如红、黄、白、蓝、紫、红白、黑、红黑(包金)、黑白、紫白、三色、五花等品种,紫色和紫白品种比较稀有。

红水泡金鱼体色红艳,锦鳞夺目。头宽吻短,眼泡圆大左右对称且充盈柔软,眼圈呈金黄色。体形圆润丰满,背弧圆滑流畅,尾鳍宽大舒展平整,游姿柔

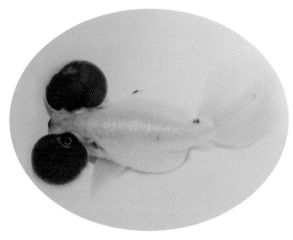

朱砂眼水泡金鱼

美灵动,是水泡金鱼中的大宗品种,也最受人们喜爱。

红白花水泡金鱼具有红白两色,色彩明亮、对比鲜明。红白花水泡金鱼中尤以朱砂眼水泡金鱼最受人们喜爱,左右两个水泡全红的极为珍贵难得,纯净洁白的身段犹如一枚温润高贵的和田籽玉,配上两个红艳饱满的大水泡,有人名曰"双灯映雪""双灯照玉",朱砂眼水泡不仅有完美的色彩搭配和鲜明的视觉对比,人们还喜爱其中所蕴含着的吉祥喜庆的寓意,因为那两个鲜红的大水泡不就是活脱脱节日里的红灯笼吗?

星光闪烁朝天龙

望天眼(朝天龙)金鱼也是我国金鱼中的传统品种之一。该品种两眼向外凸出并向上翻转朝向天空,形成十分奇特的形态特征,所以称之为"望天眼"或"朝天龙"金鱼。关于望天眼(朝天龙)金鱼的来历还有一段流传十分广泛的传说。金鱼是江

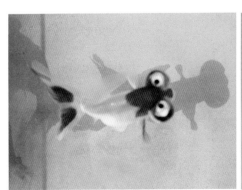

南一带的贡品,相传古人为了培育出两眼朝天的金鱼,以示朝觐天子之意,以双眼向两侧凸出的龙睛金鱼为育种材料,在饲养金鱼的鱼缸上面加上木盖,木盖上只留一小孔用于透光和投喂饵料。饲养在黑暗中的金鱼需要努力地用双眼向上看见光线和投在水面上的饵料,久而久之出现了眼睛向上翻转的金鱼,通过坚持不懈地定向选育,终于使这一眼球凸现于眼窝之外并向上翻转90度朝向天空的变异现象形成了稳定的基因遗传并成为中国金鱼中的名种。无论这一说法是否可信,能够从金鱼中成功培育出两眼朝向天空的奇特品种,亦从一个侧面反映了我国人民丰富的想象力和创造力。

望天眼(朝天龙)金鱼最宜饲养于水池、盆、缸中俯视观赏,它们一双向上翻转的眼睛又圆又大形如棋子,脑袋两侧一左一右宽大的眼圈闪亮着金属般的光泽。它们总爱举头好奇地仰望天空,游荡在水面嬉戏觅食,泛着金光的双眼如同璀璨的点点星光,流淌在碧波绿水之中,别具一番情趣。如果你是在金鱼场,又会看到另一番奇景,当它们成群结队地前来向人讨食时,兴奋地摇头摆尾鼓浪前行,千百双泛着金光的眼睛在波光粼粼的水面上蜂拥而至,构成了一幅群星璀璨的奇妙景观。明人瞿佑诗曰:

逐队随群乐自如,桃花浪暖变形躯。

散如万点流星进,聚似三春濯锦舒。

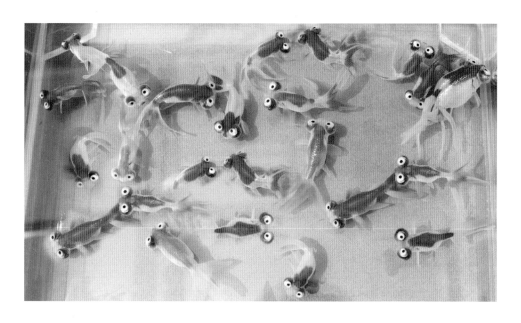

望天眼（朝天龙）金鱼有蛋种和龙种两个系列，为了将蛋种和文种相互区别，人们将光背的蛋种称作"望天眼"，将背鳍完整的文种称为"朝天龙"。现时一般都以蛋种望天眼为正宗，因为少了背鳍更加突出了一对奇特的眼睛。从俯视的角度欣赏，一双时刻在仰视着上方并且闪耀着金色光芒的大眼睛与宽阔圆润的鱼背，整齐闪亮的背鳞，鸭蛋形的躯体构成了更加和谐完美的整体艺术之美，故长有背鳍的朝天龙金鱼市面比较少见，甚至被饲养者视为次品予以淘汰。

望天眼（朝天龙）金鱼的眼圈大部分为金黄色、也有少数是银白色。左右双色的称作"鸳鸯眼"：一金一银，金银联袂，分列左右，按照中国古代文化符号，金为阳，银为阴，有人将其称之为"阴阳眼"，但此名不雅甚或有粗俗之嫌；而称作"鸳鸯眼"则更富于诗意，鸳鸯成双捉

对，形影不离，雄为鸳，羽毛靓丽，雌为鸯，毛色暗淡。望天眼金鱼中还有银灰、金黄、洋红等三圈色彩组成的所谓"三环套月"，凸出的眼部外圈银灰色，中圈呈红色，内圈金黄色，三环均有金属光泽，是望天眼（朝天龙）金鱼中的珍品。

望天眼金鱼品种特征鉴赏：

1. 头宽吻短，两眼圆大对称凸现于眼窝之外，向上翻转90度朝向天空并且在一个平面上，眼圈金黄色或银灰色，并具有金银般光泽。金色眼圈的望天眼金鱼更具有观赏性。

2. 身形粗短丰满，蛋种品种背部平滑没有棘突，并形成一定的弧度；尾柄粗短，四开燕尾舒展平整，尾鳍略微上翘。

3. 色泽鲜艳，锦鳞璀璨。

望天眼金鱼色彩变化不多，有红色、红白、紫或紫白等品种。二龄以上望天眼金鱼往往身材偏长，与欣赏金鱼的传统标准有偏差，所以养殖生产和销售出口一般以中小尺寸一龄金鱼为主。

民国初期人们已用朝天龙金鱼与绒球金鱼进行杂交，育成了"朝天龙绒球"

新品种,这在成书于民国时期的《扬州览胜录》中有记载。该品种除了有一双向上凝视着天空的大眼睛,又在头部的前端平添了一对彩色的绒花,两者相映成趣,又给人们带来了新的赏玩奇趣。

　　现今市面上流行的"望天球"金鱼,具有两眼朝天和鼻隔膜发育成为绒球的双料特点。这一品种不仅综合了蛋种望天和蛋种绒球的品种特点,还克服了有些二龄以上金鱼品种特征过分发育而有累赘之嫌等缺陷,使望天眼金鱼的身形和尾形等种性得到了改良,包括眼、绒球、身形和尾形能够更加匀称和谐地形成整体的美感,"望天球"金鱼色彩丰富,变幻多端,有红、银白、红白花、红白黑三色、红白紫三色,白黑紫三色等多种色彩。

望天眼金鱼

第五章　养鱼忆旧

　　扬州畜养金鱼的一段历史,也是中国金鱼产业传承延续的缩影。扬州地处长江与运河交汇之处,自古商贾云集、人文荟萃、园林遍布,有培育金鱼的社会文化基础,考证历史文献,早在明朝时期,扬州培育金鱼已经相当繁盛。养鱼人家彼亡此承,延续着畜鱼为业的传统。提起过去的养鱼经历,昔日的养鱼人无不唏嘘一番,怀旧逝去的岁月,感慨当年的艰辛。

广储门外金鱼市

　　扬州金鱼,名闻遐迩。《扬州览胜录》载:"金鱼市在广储门外。沿城河一带人家以蓄金鱼为业,门内筑土为垣,甃砖为池。池方广可三四丈,并置砂缸多只,分蓄金鱼。

清道光·矾红金鱼纹葫芦形鼻烟壶

大者长盈尺,小者一二寸。鱼类共七十二种,有龙背、龙眼、朝天龙、带球朝天龙、水泡眼、反鳃水泡眼、珍珠鱼、南鱼、紫鱼、东洋红、五花蛋、洋蛋、墨鱼等,名目繁多,不可枚举。各省人士来扬游历者,多购金鱼携归,点缀家园池沼。每岁春二三月,养鱼人家往往运至沿江各埠销售,亦有远至湘鄂者……确为扬州有名出产。"扬州以畜养金鱼为业的人家多聚居于广储门外街北护城河沿岸一带,世代相承此业数百年,形成了"广储门外金鱼市"的地理标志。

　　考证有关文献,广储门外畜养金鱼的历史可以上溯至清初康熙时期。当年春暖花开之际,康熙帝乘船沿北

扬州天宁寺

护城河至御码头,登阶而上,巡游至位于广储门外街的天宁寺时,看到附近有竹林荫翳的民院以及畜养金鱼为业的百姓,兴致盎然并挥毫赐《幸天宁寺·前题》诗一首,赞赏十里清溪的美景,赞赏淳朴勤业的民风。

时至乾隆年间,李斗在《扬州画舫录》中又述及广储门外有"柳林别墅""费家花院"以及汪氏宅第之"芍园"等都是"蓄养文鱼之院",他们莳花养鱼,以为生计。

广储门外的护城河北岸,畜养金鱼有着地利人和之便:临水且地旷,鱼池排灌便利,河中又多出产鱼虫,隔岸不远即为繁华的市井,故此地百姓多以世代畜养金鱼为业。清道光年间"金鱼市"已从柳林向西延展至绿杨村,"金鱼局列广储门,遍地砂缸种类繁。"反映了当年"金鱼市"盛景。

《扬州览胜录》又云:"今养鱼人家仍多在柳林故址,……饲鱼之法均师柳林。"至上世纪五十年代,"金鱼市"养鱼人家自东往西有:

张长义、张长福兄弟两家,祖上爷爷辈就开始养鱼,前辈相传是从一姓朱的养鱼人家过户,该户人家去了上海;黄道生,因排行老三,人称"黄三",夫妇俩养鱼兼吹制玻璃鱼缸,过去没有塑料袋,卖金鱼需配套金鱼缸,以方便顾客携带和玩赏,黄家的玻璃鱼缸,即专供各养鱼人家销售金鱼之用;陈志山夫妇二人养鱼为业,

护城河边御码头

鼻烟壶·童子戏金鱼

民国期间,陈氏还有一段在南京总统府饲养金鱼的经历;杨扣子一家,白天养鱼,闲时兼作刻制挂笺的生意;许宏庆、许宏源、许宏宝兄弟三家皆继承祖业。以上养鱼人家分布于史公祠以东。史公祠向西有张长富一家,其子张国南、张国梁兄弟子承父业养殖金鱼;邻居张长福女儿"小锅子"夫妇亦养金鱼为业;"小锅子"隔壁又有石匠杨玉林及其妹杨秀英饲养金鱼。杨家有三间乱砖砌的瓦屋,面对城河,大门敞开时,可见院中石砌的鱼池,池边放着一些雕凿的石狮、石锁、石磨之类。过"问月桥"即为绿杨村地段,该处又有朱盈昌、朱仁祥、朱仁宝等畜养金鱼,都是父子相续,世守其业。养鱼人家沿河而居,以土垣、竹篱围院,置砂缸、砖池畜鱼,掘井并用竹木制作的辘轳汲水,再以毛竹为管输水于池,此景绵亘数里,颇有乡野村墅之趣。

"金鱼市"以许氏三兄弟饲养金鱼规模最大,有砖砌的金鱼池二十多张、砂缸三十来个。据老三许宏宝回忆,许家养鱼自爷爷辈开始,清道光年间,爷爷从"胡麻子"的父亲手中盘下了这个鱼场,胡麻子的父亲不仅在此地养金鱼,还兼做看城门的差事。许家金鱼养得多,品种也很有特色,

寿山石雕·金玉满堂

据许宏宝的侄媳妇张美玲等回忆,好品种除了有红水泡、朝天龙、一颗印、黑蝴蝶尾等,印象最深的还有翻鳃虎头和长须绒球金鱼,翻鳃虎头不仅头方,鲜红的鳃丝很长,并向头上翻卷,显得非常奇特而又好看。长须绒球则像牵着两条又长又细的飘带,末端两个玲珑的红球,随着金鱼的游动飘来荡去,十分有趣。长须绒球和翻鳃虎头非常珍贵,在以后的日子里,这两种鱼就再

玉雕·年年有余

也没有见过。

如今，昔日的"金鱼市"早已人物两非，彻底淹没于城市建设的记忆之中。

甃砖为池

《金鱼饲育法》曰："寸余之鱼，每缸三十足矣，多则挤热而死，或至一头不留。渐长渐分，至二寸余，则一缸五六对。至三寸，则一缸二三对而已。"随着社会对金鱼需求的不断增加，以区区砂缸畜养金鱼，规模已显然不足以应对市场和养鱼谋生。于是广储门外的养鱼人家纷纷甃砖为池，以适应专业化规模生产。

玉雕·年年有余

砖池建于地面以下，下接地气并冬暖夏凉。

挖池掘上来的土堆作池埂，增加鱼池高度，便于排水。鱼池四周以青砖作为建造材料，底部夯实铺以砖块。过去没有水泥，砖块之间以掺杂了糯米汁和草木灰的石灰膏粘结，再经勾缝，结实且防漏。砖池深达数尺，有踏步下到池底。池帮高出地面部

清·水晶内画鱼乐图鼻烟壶

分用土填实，上面铺砖，便于行走和生产操作。池底有坡度，即四周略高，中间稍低。最低处置一锅形窝塘，大小深浅如五尺铁镬，窝塘中心为一大方砖，砖上钻一圆孔作为排水的洞孔，用裹了布的木塞塞紧，不会漏水。窝塘平时可以积蓄残饵鱼粪，减缓水质污染；干池放水，金鱼集中于此便于捞取；洗刷鱼池，木塞一拔，苔藻污秽全部排入下水道；寒冬腊月则是金鱼聚集避寒的鱼窝，纵使池面结冰数寸，仍可确保金鱼安然无恙。

开始建筑的金鱼池为圆形，基本是放大了数倍的砂缸；以后简化了建造工艺，以方形或长方形为多。考虑既要节省材料工本，又需方便生产操作，金鱼池面积约10多平方米，鱼池布局避风朝阳并充分利用空间。过去冬季的气温要比现在低得多，河面结冰可

闲

瓷餐具　　　　　　　　　　　　　水晶·金鱼满堂

以行人,所以金鱼池深达数尺,不仅可以增加蓄鱼的数量,也有冬季防冻的考虑。

鱼池排水暗沟设置在鱼池底部。建池前需在池底部挖好排水沟,四周围砌砖石,利用鱼池与城河的地势落差顺势将池水排往河中。

过去扬州人多采用深池养鱼,清池换水工作量很大,而且没有光合作用的深水层对于饲养金鱼意义不大。后来逐渐改用建在地面以上、砖混结构的浅池,水深约30~40厘米,节省材料,节省用水。

空中输水

沿河养鱼,地理条件得天独厚。不过养鱼用的水并不是从河里直接取用,而是在近河一带掘井汲水,取其水源用之不竭之利,又无苔藻虫害等污染。水井以青砖围砌,深达数米,口径约80厘米。河水可以经过土石缝隙快速渗透过滤,确保水量充足,水质得以净化。

樱花狮头金鱼

狮子头金鱼

又有一种砖砌的汲水池,长方形,面积如浴室头池般大小,深约 2 米,四周驳砌砖石。池内设石阶,可以穿了草鞋直接入池担水。

水井上方搭建丈余高竹木井架,井架中部有一汲水操作平台,顶端置辘轳并搭建雨棚。操作平台高于各个鱼池,水由高往低可顺势流入鱼池。辘轳以木材为骨架,表面钉以竹片,光滑结实耐用,两边各用绳索挂一个木桶。木桶用杉木制作,着三道铁箍,不仅结实耐用,而且有一定份量,能加快入水的速度。系桶的绳是专门定制的草绳,称做"井索"。井索粗细合适,摩擦力大,使用起来十分顺手。汲水时人站在高高的木制架台上,拽动绳索,使两个水桶此上彼下,将水源源不断地汲上来,倒入竹筒做成的过街水槽,输往各个鱼池,养鱼人称此为"滚龙井"。

过去工业材料匮乏,也为省钱,输水的过街水槽是用毛竹搭建。取劈开的毛竹打通其节结,逐一套接,从井架一直通往院内鱼池。毛竹接成的管道很长,中间支撑若干一人多高的竹架,过街跨屋,亦不妨碍游人过往。这样巧妙而别致的空中输水方式,与山区人家引泉出山颇为相似,亦成为村墅一景,引得游人驻足欣赏。

老式的金鱼池一池之水多达 10 余个立方,旧时没有电力机械,往鱼池中输水全凭人工,用滚龙井汲水和毛竹管输水虽然效率提高了许多,但仍颇耗费体力,由此可见养鱼人的艰辛。

五彩狮头金鱼

绒球金鱼

金鱼文化艺术欣赏

JIN YU WEN HUA YI SHU XIN SHANG

散籽育苗

清明过后,即将迎来金鱼繁殖的季节,养鱼人此时充满了对一年收成的期待,对丰收和美好生活的憧憬。首先要采集水草并打成小把,放入产卵池供金鱼产卵。雌雄金鱼通过"追尾"的形式"谈情说爱",雌鱼在前急跑,雄鱼随后紧追,然后钻入水草丛中,雌鱼奋力甩动尾巴将产下的卵分散粘附在水草上,雄鱼也兴奋地摇头摆尾释放出雾状的精子,弥漫在水中让卵子很快受精。待鱼卵粘足或散籽完毕,将草把取出,移放到事先备好的孵化池中"晒籽",种鱼手续即告完成。

小鱼出世后,数量很多,但良莠不齐,需要仔细筛选,将那些发育不健全、体型不端正、青头白片、品种退化的鱼苗全部淘汰,留下发育正常的鱼苗继续饲养。挑选时,将鱼苗舀入广口白铁皮盆或白色搪瓷面盆中,用绑在竹筷上(竹筷前端劈开)的蛤蜊壳将鱼苗一勺一勺舀起,仔细观察。蛤蜊壳的白色内壁能将鱼苗的体形、颜色映衬得清清楚楚,正品、次品一目了然。这种留优去劣的筛选,随着鱼苗的生长发育要进行多次。在筛选金鱼的过程中,不少残次金鱼随着排出的废水流入下水道。每逢此时,就会有

蝶疑双卉影　花作并头开

孩童拿着小淘萝、网兜、搪瓷缸、玻璃瓶之类等在洞口或徘徊在河边,捕捉小金鱼玩耍。

喂养鱼苗很有讲究。刚孵化出来的仔鱼只有 2~3 毫米长,暂时还不会摄食和游动,它们依附在水草上,靠吸收自己身体里从卵中带出的卵黄为生。三四天后,消化系统渐渐发育,鱼鳍也渐渐长大,才开始能够摄食和游动,此时用密网捕捞极细小的"面虫"喂养。鱼苗"放尾花"时,可以喂"沙虫""红虫"或"黑壳虫",这些较大的鱼虫,是用纱布制成的网兜捕捞。金鱼吃了"活食",身强体壮,发育迅速,色彩鲜艳。

早起捕鱼虫

喂鱼的饵料主要是水中的鱼虫。鱼虫是浮游动物的俗称,包括各类轮虫和枝角类,以及草履虫、变形虫等原生动物。正常情况下它们无色透明或略带青灰色,缺氧时呈现红色,故又称为"红虫"。红虫生活在河汉、湖塘等天然水域中,繁殖速度很快。但数量的消长与季节、气候、水温、光照以及水中所含的营养物质密切相关。春、夏季节鱼虫较多,秋季减少,冬季则更少。红虫的生活习性是夜间聚集在河沟池沼近岸的水面活动(实乃因水中缺氧浮于水面),密密麻麻,熙熙攘攘,挤在一起不停地浮游蠕动。及至黎明日出,水中溶氧逐渐丰足,即四散潜入水底,一会儿便不见踪影,因此捕捞红虫多在五更之前赶到河塘之畔,方可有所收获,乃至扬州市民都感叹养鱼人起早的辛苦。

蝴蝶尾金鱼

养鱼人捕捞红虫的地点在城市四郊水域,方圆十几华里。在没有自行车的年代,全靠步行。出外捞鱼虫时,肩扛捕虫网兜,手提马灯,脚穿草鞋,沿河寻找,发现鱼虫后用绑在竹竿上长长的布兜于水面旋转捕捞。

捞虫的网兜以纱布做成,漏斗状,约7尺长,绑在一根长竹竿上。布兜的网眼有疏有密,密网捕捞的鱼虫喂小鱼,粗网捕捞的鱼虫喂大鱼。捞鱼虫时,先用竹竿试探水深,然后卷起裤管,趟到水中去捕捞鱼虫。故即使天寒地冻,养鱼人也得赤脚穿草鞋下河,腿上常被冻得冒出血珠。捕捞鱼虫还要水性好,有时鱼虫离岸较远,要一边踩水,一边捕捞。捞虫结束,将网兜打一个结,缠绕在竹竿上扛回家。据说过去的鱼虫比现在大,放在竹篮里黄亮亮的,养鱼人喜悦地称作"大颗子"。每天捞到的鱼虫,沥干了水能有好几十斤。

捕虫需要技巧,先要用网兜把水旋圆,鱼虫才会进入网兜。白天要将分散于水中的红虫通过旋转的水流带上水面并进入网兜;天亮之前捕捞红虫则是通过旋转的水流,将方圆一二十米浮于水面的红虫揽入网兜。所以捕捞红虫不仅需要力气,同样也颇有技巧。

金鱼旺长季节,为拔得头筹,养鱼人往往深更半夜就整装出发,早早守候在河坎边,点燃一支香烟,等待鱼虫浮出水面。当天捞得鱼虫归,还要沿途看好明天的捞虫地点。以后有了自行车,养鱼人骑车外出捞鱼虫,自行车后轮两侧挂上盛放鱼虫的白铁皮箱,肩扛竹竿网兜,颈挂手电筒,足登高筒靴,装备改善,效率也提高了许多。

蝴蝶尾金鱼

养鱼的风险

金鱼是养在水池中的活口,畜养技术要求高,生产风险也比较大。饲喂、巡池、换水、防病等生产环节必须环环紧扣,处处谨慎,丝毫不可马虎懈怠。养金鱼既是个技术活,又是一个辛苦的行当。

姿色翩跹的狮子头金鱼

仲春直到深秋,养鱼人都要宿在金鱼池边,从午夜到黎明,随时起身察看金鱼动静。如发现金鱼"浮头",要立即采取换水、加水、增氧、分池疏散等措施。养鱼人一年之中能够度过四道难关,方可享受一年辛勤劳作的成果。

第一难关是春夏之交的梅雨天。梅雨季节多阴雨,也正是各种寄生虫和病菌繁殖感染的多发季节,金鱼此时年幼体弱,且数量多密度高,一旦发病往往难以控制,全年的收入就难有保障。梅雨季节金鱼的密度不可过高,溶氧要充足,水质保持淡绿色,还要减少投饵量,定期防病更不可少。

第二关是夏季雷阵雨。夏季夜晚雷阵雨过后,金鱼最容易浮头,其原因是下雨时大量雨水降落于鱼池表层,雨水温度比池水低,比重比池水大,因此造成池水的上下对流,原来沉淀在池底的污物上下翻腾,大量消耗溶氧,使水质迅速恶化,如果不及时换水,金鱼很难熬到天亮。所以雷雨之前或之后,全家都如救火似地倾巢出动,忙着给鱼池换水。特别是碰到夜半雷雨骤降,一家人就甭想合眼。

珠红玉润·皇冠珍珠鳞金鱼

昔日广储门一带的养鱼户,家家都备有若干大号砂缸,畜养不同品种的金鱼,故时有"金鱼局列广储门,遍地砂缸种类繁"之说。夏季砂缸不再用作养鱼,里面盛满清水以备解救"浮头"时紧急之用。万一来不及换水,就将浮头缺氧的金鱼捞入缸内,也可解一时燃眉之急。

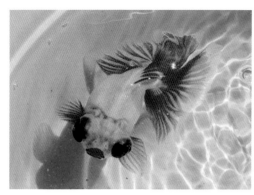

波光艳影·蝴蝶尾金鱼

　　第三关是金鱼烫尾病（气泡病）。春末至秋初，金鱼池内各种藻类繁殖最为旺盛，晴天中午前后池水的上层溶氧处于超饱和状态，超饱和溶氧渗透进金鱼的鱼鳍特别是尾鳍，形成所谓烫尾病。此时金鱼如果安静地伏于水底，不会发生烫尾，一但在上层游动觅食，则很容易发生此病。金鱼烫尾，轻则烂尾，重则死亡，所以中午前后养鱼人家不但要在鱼池上搭铺芦帘遮挡阳光，也不允许任何人踏上鱼池，因为一旦有人走近，金鱼会误以为有人前来喂食，游向水面寻觅食物而罹患烫尾。

　　第四关是秋天"菊花瘟"。白露至霜降是菊花盛开的季节，也是秋季金鱼各种病害多发的一段时期，故有此"菊花瘟"一说。这段时间昼夜温差极大，水温也适宜各类病菌繁殖。虽然收获在望，如果管理欠缺，一年的辛苦也就付诸东流。所以在"菊花瘟"季节，要格外注意调节好水质，保证充足的溶氧，定期药物预防，尤其要控制投饵量。

巧运金鱼

　　过去出产金鱼的地方不多，所以扬州金鱼在难得一见的外地很是吃香，价钱要超过本地三四倍。金鱼是活口，长途贩运谈何容易。鱼水不可分离，金鱼要依靠水中的氧气活命，过去没有机械增氧，更不像今天可用塑料袋充氧运输，所以养鱼人到外地卖鱼一般都要选择气温较低的冬季。此时金鱼的生理代谢水平较低，氧

蝴蝶尾金鱼

美人姿色娇如花　欲与西施斗晚妆

气消耗少,比较容易运输。

装运金鱼有其巧妙之处。金鱼用专门的鱼盆挑运,鱼盆很浅,高仅三寸,上口略大,上下可叠五至六层,一副担子可挑 10~12 只鱼盆,要看各人的力气和技巧。盆中装水和金鱼,盆上覆以用竹篾编的盖子,隔离上下鱼盆并透气。之所以用上下相叠的浅盆挑运,是因为水中的氧气全凭水面与空气接触获得,将同样体积的水分为多层,水与空气接触的界面也就随之扩大了数倍,水中的溶氧增加,因此也能够装运更多的金鱼,这也体现了养鱼人的聪明智慧。

挑鱼既要力气,也需技巧。要用比较软的小扁担,一边小步快走,一边还要有节奏地上下颠簸,让盆中之水泛起浪花,如此进一步增加水与空气的接触界面,让更多的氧气溶于水中,金鱼方不致于缺氧死亡。有初试者,腰腿肩膀不会用"巧劲",鱼尚未到达,却已盆底朝天,水晃荡干了,金鱼当然也活不了。

过去交通条件很差,养鱼人为了节省盘缠和提高效率,往往是一人挑两副担子。

蝴蝶尾金鱼

141

两副担子怎么个挑法？绿杨村养鱼世家朱仁宝师傅曾经介绍：备好两副担子从家门口出发，先挑起一副担子向前走一段路程后，歇下担子回头去挑第二担，第二担要超过第一担双倍路程后，歇下担子再返回去挑第一担，如此来回往复，直至抵达目的地。养鱼人从广储门（或绿杨村）将两副担子一路肩挑至六圩轮船码头，路程十几华里，再加换挑担子往返的路程，就是二三十华里，若没有强健的身体是不能胜任的。养鱼人吃苦耐劳，在贫困的年代，能赚到钱养家过日子是最主要的动力。

起舞弄倩影　翩然洛神姿

走南闯北

《扬州览胜录》记云："每岁春二三月，养鱼人家往往运至沿江各埠销售，亦有远至湘鄂者。"扬州生产的金鱼数量很多，本地消费有限，大多数需运销全国各地。养鱼人家既利用长江航运之便将金鱼销往沿江各埠，又沿铁路南下北上，远销东三省、大西北乃至云贵诸地，成为深受各地喜爱的有名之特产。

出远门售鱼十分辛苦，无论走水路还是铁路，都必须先将金鱼挑到六圩的江边码头，搭上轮船或过江坐火车。养鱼人往往一家两人结伴同行，可以相互照应。每人挑两副担子，一担金鱼，另一副担子专门装小号玻璃鱼缸。玻璃缸以圆形篾篓盛放，篓底先放一层稻草，鱼缸横着摆放，一只顶着一只排成圈。放好一层后，垫上报纸，再放第二层。每只篾篓中能放5~6层鱼缸，一副担子可装500~600只小号鱼缸。

到了六圩码头，立即用自带的白铁皮桶拎水给金鱼换水。登

游蜂戏蝶花烂漫

船时,肩挑担子稳步走上跳板,先挑金鱼,后挑玻璃缸。生意人出门多有不便,送几条金鱼以求关照便一切都可以搞定。坐船旅途时间长,中途还得给金鱼换水,送船员几条金鱼,便可以得到诸多照顾。火车上拥挤,送上事先准备好的小包装金鱼,可以到列车员休息室享受卧铺待遇。到了目的地城市,找旅馆住下,送给经理和服务员几条金鱼,便可以单独下榻包间,便于存放和照管金鱼。关系熟了,还可以免费吃住。每到一个城市,视销售情况,停留二三天或六七天不等,然后再到下一个城市继续售卖。一路旅行,直到将金鱼售罄。一个养鱼户一次携带的金鱼约为二三千条,除去交通、食宿等费用,可有数百甚至千元以上的收入,这在当时来说,已经很富足了。扬州有十多家养鱼户,外出卖鱼都是各跑各的码头,有时到了一个城市,见已有同乡捷足先登在此售鱼,为了不影响老乡生意,打个招呼,自己就动身到其他城市去了。

在上海、兰州、包头、乌鲁木齐等大城市,喜爱金鱼的人特别多。金鱼每到一地,很多市民争相购买。卖到最后,甚至连快要断气的金鱼都有人愿意出钱购买。尤其是在北方城市,遇到性子直的人,眼看鱼快卖完了,索性扔下钞票,连盆带鱼一起端走,梅岭刘振华就曾经两次遇到过这种情况。某年有梅

蝴蝶尾金鱼

蝴蝶尾金鱼

岭村人肩挑金鱼去上海街头贩卖，一不小心后面鱼盆的绳子从扁担上滑落，失去平衡的扁担翘头正巧打在前面行人的身上，乡下人进城，竟出如此莽撞之举，自然是愧疚万分。正当路人嗔怒之时，养鱼人一边连声道歉，并赶紧送上几条金鱼以示赔罪，路人也即刻转怒为喜，连声应谢，满心欢喜地拎着小金鱼回家了。

养鱼人足迹遍及两广云贵、湘鄂赣川、晋陕鲁豫、东北三省等，阅尽各地风情，算得上是见多识广之人。有意思的是，但凡走南闯北销售金鱼的人，都会谈及从外地旅馆中带回虱子的经历。过去旅馆卫生条件差，床铺被褥中常有虱子，住宿后难免会搭上几个，尤其是内衣内裤最容易藏虱子，被虱子叮咬过后，奇痒难忍。故卖鱼人每次外出售鱼后回到家乡，第一件事便是沐浴更衣，烧开水烫虱子，这些经历颇令今人发噱。

扬州金鱼之所以名扬全国，成为有名的地方特产，就是因为养鱼人不辞辛劳，南下北上跑遍了全国各地，乃至旅途上来来往往的旅客，看见卖金鱼的就知道是扬州人。

蝴蝶尾金鱼

富贾畜鱼

扬州的盐商富贾等大户人家，多在自家花园内凿池养鱼，或在客厅、书房、天井之中以精致考究的鱼缸畜养金鱼。金鱼较难伺候，就请养鱼人上门做"鱼儿活"，包括更换补充金鱼，清洗鱼池鱼缸，捕捞鱼虫喂养金鱼，就如同现今花木公司开展的花木租摆业务。东关街华公馆、汪公馆畜养的金鱼，都请养鱼人伺候。

华公馆位于老城区斗鸡场，主人喜养金鱼，家中不仅有金鱼池，还于庭园中置砂缸十余口畜养名贵金鱼，有朝天龙、水泡眼、黑蝴蝶尾、红绒球、红高头、一颗印、五花丹凤、五花珍珠等名种，五彩缤纷，韵致各殊。主家以赏玩为主，换水清缸等累活都请广储门外养鱼人上门服务，每月发两个大洋作为劳务费。华家二少爷酷爱金鱼，后来染上了"痨病"，住到附近的庵里静养，还是念念不忘金鱼，居然又在庵里设若干砂缸，一边养病，一边伺弄金鱼。

不少富家人养鱼非常在行，他们玩养的多是奇巧特别、姿色出众的名品。前人云："于万中选千，千中选百，百里拔十，方能得出色上好者。"要想觅得出色上好的金鱼，最好是到鱼池中挑选。一池之中，金鱼盈千累万，出色上好者，总得有三五尾。扬州城内的玩家，常于金鱼长成时，隔三差五去金鱼市转悠，临池寻求名品。由于这些玩家肯出价，故养鱼人都乐意将各色名品相赠。城内老字号"三和酱园"主人梁典成就以善畜金鱼闻名，自家院内有十余只未涂釉的砂缸畜养金鱼。梁家的金鱼名种有蝴蝶尾、红高头、一颗印、五花蛋、珍珠鳞等，每到产卵季节他们还将自家的名种名品传给养鱼户。玩家与鱼户相互交流，促进了名种金鱼的延续和种性改良。新中国成立后，瘦西湖畔徐园内金鱼池凿成之后，曾将梁氏金鱼名种悉数收集于此，成为旅游一景。

文人爱鱼

扬州多有爱养金鱼的文人。如前面提到的虚谷（1823～1896）就是清末特别擅长以金鱼入画的扬州著名画家，有"紫绶勋章"等多幅作品传世，画家必然是在长期观赏金鱼中获得了创作灵感。

金仲鱼（1922～1993）也是扬州知名画家，亦与金鱼有特别的情愫。因擅长临摹复制古画，1960年被北京故宫博物院聘用为研

金仲鱼·金玉满堂

145

潘觐贵·鱼塘所见

究馆员。他平时喜养金鱼,尤擅画金鱼,以金鱼为题材的工笔重彩画在美、日等国和中国港澳地区展出时均好评如潮。据说有一次他画好一幅金鱼,随手放在了鱼缸旁边,只见鱼缸中的金鱼欢快地向画幅游来,原来它们误把画中金鱼当成了自己的同伴。

"潘家有鱼塘,尾尾神兼壮。无奈留不住,登岸入楼堂。"扬泰画鱼专家潘觐贵,早年就读于上海新华艺术专科学校,师从画鱼名家汪亚尘等前辈,并得到徐悲鸿、潘天寿等大家的指导,出师以后与画鱼结下了不解之缘。为了画鱼,他时时沉浸于鱼盆之间,并亲手清缸换水,饲喂鱼饵,乐此不疲地精心伺候各类金鱼名种,仔细观察金鱼的神态品貌,并在师承前人的基础上另辟蹊径,探索创新,终以善画金鱼而名世,被誉为"江淮画鱼人"。一幅幅千姿百态、形神皆备的金鱼画作,自成一家并达到了新的艺术高度,受到人们广泛赞誉。曾经是江苏省文联主席的李进题诗赞曰:"四十年来画鱼姿,日间挥洒夜间思。非鱼我却知鱼乐,画到生时是熟时。"

扬州师范专科学校有位美术老师陆景龄,是养鱼人家的常客。陆老师早年毕业于上海美专,酷喜养金鱼也爱画金鱼。他的名字与"锦鳞"谐音,故人们皆称陆老师与金鱼有缘,难怪所画金鱼出神入化。曾经是扬州市副市长兼统战部部长的唐椿,为学养深厚之人,著有《唐椿中篇小说集》等,在担任扬州师范专科学校校长时期,搜罗各地金鱼名种,饲养于校园之内供师生观赏兼实验之用,并由陆景龄老师负责指导几名工人管养。不料,1966年"文革"开始,养金鱼当在破"四旧"之列,于是不得不忍痛割爱,将学

花著鱼身鱼似花·五彩蝴蝶尾金鱼

校饲养的金鱼全部送给了护城河边的养鱼人家。"文革"后期陆老师退休被扬州红园聘用，协助金鱼场饲养金鱼。工作之余，曾绘水彩画金鱼四幅，形神俱佳，以红木镜框装祯，悬挂于红园金鱼养殖场的会客厅中，人来人往观之者无不啧啧称赞。

护城河里的小金鱼

过去的北护城河是少年儿童喜欢玩耍的去处，江南水乡的扬州市区河道纵横，有古运河、沙河、汶河、小秦淮河、蒿草河等，那么护城河有什么能够吸引孩子们呢？当年的护城河河坎宽阔平坦，水质清洁，水草茂盛，常有五颜六色的小金鱼出没其中，成了孩子们心中的牵挂。河中的小金鱼都是沿河养鱼人家金鱼池放水时的漏网之鱼，或者是被他们淘汰的次品鱼。从春夏之交直到暑假结束，小孩们三三两两，一手拿着捞鱼的网兜，一手端着玻璃瓶或者搪瓷缸，来来回回专心致志地沿着河坎仔细搜寻这些不要花钱的小金鱼。小金鱼也很机灵，看见人来，立即钻进水草丛中，这时需要候在原地耐心等待，直到它们再次出现后伺机捕捉。小金鱼大部分是次品，有没有变色的"青头"，有单尾或者飞机尾，有红的，有黑的，也有五花的，更多的是粉红颜色、看起来有点透明的"白蜡子"。捕捉上来的小金鱼先看尾巴，因为单尾的次品易得，双尾的正品难求。偶尔眼前一亮，发现颜色鲜艳且是双尾的正品金鱼，手忙脚乱地捕捉上来后，则有一种如获至宝的喜悦和激动。小伙伴们也会围聚在一堆，对捕捉上来的小金鱼七嘴八舌地地评论一番：这尾是一颗印，那尾是花龙睛，还有水

梅兰芳·金鱼戏藻图

147

泡眼、朝天龙……叽叽喳喳、兴奋不已。即使是养鱼人家不要的"青头"（未变色的小鱼），只要是双尾的，都会满心欢喜地捧回家精心饲养，期盼着有朝一日会变出鲜艳的色彩出来。

银白色水泡眼金鱼

偶尔也会有生性喜欢调皮捣蛋的小顽童，瞅准机会偷偷翻入养鱼人家的土垣竹篱，蹑手蹑脚地手持小网兜，捞上几条小金鱼，迅速传递给等候在墙外的小伙伴，又身手敏捷地翻墙而出。此时尽管院内有看家狗狂吠，无奈养鱼人家的园子大，鞭长莫及，主人也只能扯着嗓门叫骂几句，以解心头一时之恨。

儿童们都有喜欢饲养小动物的天性，在物质匮乏的年代，养金鱼、捉麻雀、斗蟋蟀、粘知了，甚至卷起裤腿到河边摸鱼捉虾掏螃蟹，都是那个年代孩子们共有的经历，也成为一代人美好而有趣的回忆。

归并国企

改革开放前，个体经济受到限制，外出销售金鱼，需要政府有关部门出具手续，证明不是"投机倒把"，否则要受到打击没收。广储门外的金鱼养殖户也不例外，只是因为历史沿袭的原因和养鱼生产的特殊属性，他们才能够在集体经济的夹缝中得以生存。

金黄色水泡眼金鱼

扬州红园花木鱼鸟服务公司的前身是经营花木金鱼的国营商店。1970年该店曾尝试与广储门外的养鱼户分工合作，由公家提供鱼饵等生产资料，养成的金鱼全部归商店收购。但是由于金鱼的数量和质量均不能按约定完成，这种经营模式难以为继，遂以破局告终。

随着业务的不断扩大，红园商店

朱砂红水泡金鱼

更名为扬州红园花木鱼鸟服务公司，并于1973年在绿杨村地址建起金鱼饲养基地，养金鱼的技术门坎较高，需要技术骨干和生产上的熟手，于是考虑吸收护城河一带的金鱼养殖户加入到当时很吃香的国营单位。为了防止他们"身在曹营心在汉"，担心有人"吃里扒外"损害公司的利益，遂由市商业局、工商局等部门出面，将沿河一带养鱼人家的鱼池尽数拆毁，养鱼劳力连同种鱼、砂缸等生产资料全部归并公司。

以后随着城市建设，护城河一带的养鱼户逐渐被拆迁征用。如今广储门外"金鱼市"遗迹早已荡然无存矣，原址建成工艺公司、学校、宾馆、市场、园林等公共设施。

红园金鱼

149

扬州红园花木鱼鸟服务公司是经营花木鱼鸟水石盆景等生产出口业务的国营企业，在业内享有盛名。上世纪70年代初，公司吸纳了养鱼专业户和养鸟专业户，相继建成金鱼、观赏鸟以及水石盆景生产基地，主要供应外贸出口。

金鱼养殖场就建在绿杨村沿河地带，有高高的院墙与外界隔绝，墙外种着一排高大的女贞树，终年郁郁葱葱。人们路过此地，不知高墙大院内是何面貌，颇有一些神秘。院墙面对护城河有两扇铁门，只有当铁门开启时，人们才可以一窥院内鱼池风光。院内240多张金鱼池整齐划一，养鱼水面达2500平方米，如此养殖规模在当时颇有气势，省内首屈一指。

"金鱼市"的养鱼人进入红园工作，成为国营企业的职工。国营企业单位牌子硬，工作条件好，按

美人家住水晶宫　相伴春色水中游

月发工资,生活有保障,养鱼师傅们生产热情很高。他们以老带新,也教出了不少徒弟。鱼场十五六个职工,个个都是生产能手,技术力量雄厚。他们早起捞鱼虫,白天管理金鱼,夜里轮流值班,工作虽然辛苦,但是看到金鱼成为公司经济效益最高的生产经营项目,看到自己亲手培育出来的金鱼能够漂洋过海销往

五花水泡眼金鱼

海外市场,为国家建设创造外汇,成就感和自豪感洋溢在每个职工的心中。

红园培育的金鱼以本地传统名种为主,在省内外颇负盛名,品种大略有红狮子头、黑狮子头、红虎头、五花虎头、鹤顶红、红水泡、五花水泡、红龙睛、黑龙睛、五花龙睛、红白琉金、朝天龙、红绒球、红丹凤、五花丹凤、红白珍珠、五花珍珠、五花高头、翻鳃花龙睛等几十个品种。有些老品种多年近亲繁殖,难免"种气"退化,故也经常在采购调运外地金鱼时,挑选一些优良鱼品,留下来与本地金鱼串种改良。红园生产的金鱼体型优美,色泽鲜艳,产量居江苏之冠。1982年,中国土产畜产进出口公司江苏省分公司将红园确定为外销鲜活商品专属基地,并请专业摄影师在金鱼场拍摄各种金鱼,制作成《江苏金鱼》广告画册,向中外客商广为宣传。

1989年,红园金鱼参加在北京农业展览馆举办的第二届中国花卉博览会,红白狮子头金鱼获二等奖,五花珍珠金鱼获科技进步奖。

金鱼文化艺术欣赏

JIN YU WEN HUA YI SHU XIN SHANG

鸳鸯眼水泡金鱼

上世纪七八十年代,红园金鱼通过北京、上海、广州等口岸销往美国、英国、法国、德国、荷兰、意大利、比利时、土耳其、新加坡等多个国家以及中国港澳地区,年销量达20多万尾。后来随着业务量的扩大,除了自产自销并收购梅岭、双桥生产的金鱼,还派采购员去苏州、南通等地收购金

鱼。金鱼养殖场的职工也在实践中掌握了一整套选鱼分级、暂养困箱、包装空运等技术,金鱼到达对方口岸后成活率高,体质健康,在国际交易中享有良好声誉。

素兰花水泡金鱼

1996 年根据市政府的建设规划,绿杨村沿河一带的金鱼养殖场连同观赏鸟养殖基地又全部改建成为花鸟市场,市场内设有金鱼销售区域,除了各种各样的金鱼,还有琳琅满目的水族器材供市民和游客选购。如今每逢节假日,红园花卉鱼鸟市场人头攒动,各方游客摩肩接踵,成为扬州市民生活中不可缺少的休闲、购物、淘宝、交流的热闹场所。

梅岭金鱼

梅岭村与金鱼市毗连,也因最早师承“金鱼市”的养鱼之法,成为名噪一时的“金鱼村”。

梅岭人饲养金鱼最早可以追溯到 1959 年,该村吕庄有一龙王庙,庙里有一方石砌的放生池,放生池最初被一个刘姓和尚的侄子用来养殖金鱼,而且效益一直不错。60年代初为发展集体经济,遂将其收归集体,并在原址上拆除破旧房屋,将金鱼养殖面积扩大到一百多平方米。规模虽不算大,但在当时的社会背景下,已经对搞活集体经济

水泡眼金鱼

发挥了重作用,并且也带动了一些头脑活络的村民在自家的房前屋后建起金鱼池生产金鱼。

1966 年“文革”开始,“左倾”思潮泛滥,金鱼被视为封资修的产物,畜养金鱼为业的个体经济更是需要铲除的资本主义。养鱼的村民成了走资本主义道路的典型,不仅鱼池被拆毁,还被造反派抄了家。“文革”中后期,中

央提出"抓革命、促生产"的号召,于是金鱼生产在农村集体经济非常薄弱的背景下,成为村组发展经济的重点,梅岭村13个队组,有10个相继办起了集体金鱼场,不过个体养殖金鱼是不被允许的。吕庄金鱼养殖场几经扩建,规模发展到千余平方米,这些金鱼养殖场都为集体经济的起步作出了贡献,并为以后生产金鱼在村民中普及打下了基础。

蝴蝶尾金鱼

"文革"结束迎来了改革开放,特别是国内外对金鱼需求旺盛,更激发了梅岭村民生产金鱼的热情。该村因为邻近市区,民舍建筑密度较高,前庭后院没有多少发展金鱼养殖的空间,于是村民们想到了向空中发展。七八十年代,盖房造屋都时兴平顶屋面,在平顶屋面上建筑金鱼池,增加的投资有限,既充分利用空间,还有隔热保温、保护屋面的作用。屋顶养金鱼虽说面积不大,但村民们白天上班,业余时间饲养金

蝴蝶尾金鱼

鱼,增加了副业收入,成为那段时期庭院经济的一大亮点。屋顶养鱼在梅岭乃至市郊其他乡村迅速普及,凭借养殖金鱼成为万元户并建起楼房,是当时近郊农民家庭脱贫致富的一种普遍发展模式。《新华日报》对此编发了文字和图片报道,媒体的宣传,使屋顶养鱼的庭院经济模式又迅速传至苏州、南通等地。

以后随着经济条件的改善,不少村民将原来的平房翻建成楼房,于是屋顶养鱼又升到了二层楼甚至三层楼的屋

蝴蝶尾金鱼

顶。金鱼养殖在梅岭普及后,饲养技艺也与时俱进,高密度绿水饲养金鱼的技术水平发挥到了极致。由于小型水泵和机械增氧设备的应用,以及高强度的生产管理,每平方米金鱼饲养量普遍达到200尾以上,甚至更多。

梅岭村金鱼花卉盆景园位于瘦西湖畔,1990年前,该场经营花木盆景连年亏损,1991年开始调整生产结构,建起400平方米金鱼池,当年投产后即扭亏为盈。至1995年金鱼养殖达到6000平方米,年产金鱼60万尾,年产值达到40多万元,除每年上缴梅岭村8万元,还积累了丰厚的资产。1996年又投资建设吕庄分场,金鱼生产规模达到8000平方米,成为村办明星企业。如今是址已被国家征用,成为瘦西湖隧道的建设用地。

梅岭村有村民六百多户,十之八九饲养金鱼,成为名副其实的"金鱼村"。梅岭金鱼以生产规模大、产量高、品种优、质量好而闻名,所以每到金鱼养成的季节,上海、广州、北京、武汉、西安、沈阳等四面八方各路商贩纷纷上门采购,一度成为"皇帝女儿不愁嫁"的香饽饽。

梅岭金鱼效益如此之好,当然在市郊各个乡镇得到迅速普及,城郊金鱼生产也进入新一轮大发展的黄金时期,其时双桥、城东、城北、汤汪、平山、湾头等乡镇大大小小养鱼户不下七八百户,利用庭院、菜地、屋顶建筑鱼池生产金鱼随处可见,可谓盛极一时。

金鱼上山

扬州发电厂冷却河以及保障河是扬州人所谓的"山上与山下"分界线,扬州所谓

蝴蝶尾金鱼

精巧完美　绝胜天下

的山有观音山、小茅山、笔架山等，都不过是高出平原几十米的丘岗。冷却河与保障河以南是古长江的冲积平原，以北则为丘陵地区。"山上"是唐宋时期的古城遗址，"山下"为明清以来的扬州城，自城市南迁以后，"山上"亦由城市变为农村。"山上"地势起伏，土质也与"山下"不一样，"山上"为黄粘土，"山下"是沙壤土。"山下"多河沟，养金鱼的红虫资源丰富，"山上"水系不多，且少有红虫。

"山下"的农民养金鱼走上了致富路，也带动了"山上"的一些农民。"山上"农民虽然距离城市较远，捕捞鱼虫需要跑更远的路，但是随着摩托车的普及，捕捞鱼虫的足迹远至数十公里以外的仪征、泰州。"山上"养金鱼也有自己的优势，挖井打出的水质依然甘软，适宜饲养金鱼，"山下"土地紧张，空间逼仄，养金鱼需要向空中发展，"山上"地域开阔，适宜发展规模化生产。因此政府鼓励号召农民学习梅岭养鱼致富，并提出了"金鱼上山"的号召，又在三星村辟地5亩，建起饲养规模达到2400平方米的乡办金鱼养殖场。还一度雄心勃勃，成立金鱼销售公司，试图拓开自营出口的销售渠道。

金鱼生产占地少、产出高、集约化、效益好，解决了一些文化层次较低、年龄偏大的农民就业困难的问题。上世纪90年代中后期，许多老企业关停破产，很多进厂做工的城郊农民成了下岗工人。于是"山上"的农民发挥优势，自谋职业，选择了回家养殖金鱼。由于"山上"土地相对宽裕，他们养金鱼不需要像近郊农民那样爬上屋顶。一些人利用家前屋后的农田建起了规模达到数百甚至上千平方米的金鱼池，还有村民向生产队租地建设更大规模的鱼场，这也顺应了当代农业生产走向规模化经营的发展路径。进入新世纪，在城市化不断扩张的进程中，随着梅岭、城东、双桥等地村民相继拆迁,庭院及屋顶饲养金鱼渐成历史,唯市区城郊北部一带规模化养殖金鱼仍方兴未艾。

城北乡槐南村村民李正强等是规模化饲养金鱼比较成功的典型事例。李正强1996年开始在自家庭院内建了300平方米金鱼池养殖金鱼,年产金鱼6万尾,产值3万元,除去饲料、水电、汽油、药费等物化成本,每年净收入都在2万元左右。2006年他在平山乡租地建起3600平方米金鱼池搞起了规模化养殖,太太也辞去了超市的工作,夫妻俩连同岳母一起打理这个鱼场,由于勤于思考、善于总结,吃苦耐劳和管理技术到位,每年产量达到40万尾,纯收入超过20万元。这种由庭院副业生产转型为专业规模化生产,跟上了时代发展的步伐,成为由温饱转向小康生活的生动事例。

"金鱼上山"使金鱼生产由传统的庭院经济转型为专业化、规模化生产,规模化养殖金鱼也将传统的金鱼饲养技艺和生产管理水平推向了一个新的高度。过去红园金鱼养殖场2500平方米金鱼池需要十几个人管理,一年的金鱼产量也就20万尾。如今一家两口人生产规模已经远超当年,劳动的效率以及金鱼的产量和经济效益都已今非昔比。

中国金鱼传承历史久远、文化底蕴丰厚、艺术形态高雅、流布全球广泛,是中华民族的重要文化遗产,因此也有人将其比附于我们的"国鱼"甚至是"国粹"。金鱼生产属于农业的范畴,更有它特殊的产业和文化属性。在城市化浪潮中,在即将到来的后工业化时代,如何使传统产业继续跟上时代前进的步伐,代代传承永续发展,出产更多更好的金鱼以及相关的文化产品,在满足消费需求不断增长的同时,传播弘扬中华传统优秀文化,让更多的人认识了解金鱼,珍视喜爱金鱼,是摆在我们面前需要认真思考积极探索的课题。费孝通先生生前曾经嘱咐:"国宝谨珍育,传世赖后人。"吾辈当以铭记。

155

一女冠朱帽　宫袍靴色皂·皇冠珍珠鳞金鱼

第六章　变异与分类

金鱼的形态变异

金鱼以艳丽的色彩、奇特的外形和品种的多样性,倍受人们的喜爱。金鱼是我国人民通过改变金鲫的生活环境,并充分利用其身体各个部位如头部的皮肤细胞、双眼、鼻膜,体表的色素细胞、鳞片、鱼鳍以及体形的变异和遗传,结合人们的审美情趣,采用多种培育技艺,进行有目标的定向选育和杂交选育,形成了现今丰富多彩的各类金鱼品种。金鱼的培育、演化、变异和遗传,蕴涵着丰富的自然科学知识。欣赏金鱼之美,探索思考和了解金鱼变异的成因,可获"知其所以然"之趣。

一、色彩的变异

自然界中有2万多种鱼类,有着艳丽体表色彩的多见于海水珊瑚鱼类和生活在南美亚马逊河流域以及非洲马拉维湖的一些淡水热带鱼类。而亚热带和温带冷水性淡水鱼类大多色彩灰暗单调,真正具有观赏价值的种类为数不多。

金鱼祖先的变异始于体表色彩变化。金鱼的原始形态——鲫鱼,背部灰褐色,腹部银灰色,由于生活环境和水质的不同体色会有或深或浅的变化。自然界中出现金黄色或红色的鲫鱼是一种偶然发生的基因突变,也正因为人们发现了这一变化,从放生到畜养,从池养到盆

精致雅艳·蝴蝶尾金鱼

养,经过长期的衍变和人工精心培育,才有了今天五彩缤纷、形态各异的金鱼。

一般认为,金鱼体表的基本色素细胞有 4 种:

五色披丽·蝴蝶尾金鱼

黑色素细胞:为周围有很多突起的星芒状细胞,内含黑色、棕色和灰色三种致密颗粒的色素。

黄色素细胞:色素颗粒在光线透射下呈现出淡黄色或橙色色彩,密集时甚至呈红色。

红色素细胞:含红色或红黄色色素颗粒。

虹彩细胞:内含鸟粪素结晶(鸟嘌呤颗粒),鸟粪素是一种银白的反光物质,起着镜子的作用,在没有其他色素细胞的情况下,鱼体呈现银白色;与其他色素细胞重叠,使色彩显现出明亮的光泽。

黑色素细胞、黄色素细胞和红色素细胞是三种基本色素细胞,通过不同密度的分布和组合产生出各种各样的色彩,并且由于虹彩细胞的映衬,使体表色彩变得更加鲜艳,色调也更为明丽。

金鱼的色彩大致有:红、黄、白、黑、青、蓝、紫、红白、红黑、黑白、蓝白、紫白、紫红、紫蓝、红黑白、紫红白、紫蓝白、红蓝白、五彩等等。金鱼之所以能够从普普通通的鲫鱼演变成为色彩艳丽的物种,主要是因为:

1. 基因的变异和遗传。鲤科鱼类皮肤组织中分布有比较丰富的色素细胞,通常情况下极少或者没有红色素细胞,体表色彩多为灰褐色或者黄褐色。由于偶然发生的基因突变,体表色素细胞产生变化,出现了红、金黄或其他色彩的个体,突变的基因是可以遗传给后代的。曾经有相关报道和记载:鲤科鱼类中不仅有红色的鲤鱼和鲫鱼,包括鲢鱼、草鱼等都发现过有红色的个体。除了金鱼,以鲤鱼为原始材料培育出的锦鲤也是一个典型事例。锦鲤体表色彩丰富,色彩的变化组合也类似于金鱼,但是色彩远不如金鱼艳丽,有着鲜红的口吻、眼圈、鳍条等所谓“巧色”的则更为罕见。

2. 充足丰富的营养。饲养金鱼通常喂以水蚤等天然饵料,水蚤富含虾红素、维生素等;饲养金鱼的绿水中还滋生有大量金鱼喜食的藻类,藻类富含各种维生素和类胡萝卜素,而虾红素、类胡萝卜素等正是现今观赏鱼颗粒饲料中的增艳添加剂。所以金

飘洒灵动的红白花文鱼

鱼在人工饲养的优良环境中,因为得到了丰足的营养,体表色素细胞非常丰富,从而使金鱼的色彩更为艳丽,也为各种色彩的新品种出现奠定了物质和遗传的生物基础。良好的饲养环境,丰富的营养条件使得金鱼尽可展现其艳丽的色彩。

3. 人工选育和杂交。金鱼在饲养过程中,因为自身的变异,新的色彩和组合不断出现,为选育杂交培育新品种创造了条件。通过不同色彩金鱼的杂交组合和定向选育,使得金鱼新品种不断推出。我国人民很早就知道利用不同色彩的金鱼杂交产生新的品种,如《万历杭州府志》记述:金鱼"红白二色相感而生花斑之鱼,以溪花郎与白鱼相感而生翠色之鱼。"

金鱼的体色既可以相互串杂,也可以比较稳定地遗传,人们利用这一特点,在比如龙睛、绒球、狮头、虎头、琉金等各类金鱼中都培育出了具有不同色彩的品种。黑白蝶尾、三色狮头、三色琉金等品种都是通过不同色彩的金鱼杂交组合和定向选育得到的新品种。

有些金鱼品种的色彩会随着生长和季节而发生变化,值得称奇的是,金鱼的色彩变化和组合往往迎合了人们的审美需求,因此而格外受到人们的宠爱。饲养过程中,随着体表皮肤的新陈代谢,很多金鱼的色彩会逐渐发生变化,给饲养者带来幻想期盼和意外的喜悦,这也是饲养金鱼的乐趣之所在。

二、体形的变异

金鱼自元明时期进入盆养时代后,经过长期适应性变异和人工定向选育,体形发生了很大变化。鲫鱼的体形近似于侧扁的纺锤形,金鱼的体形则演变为圆润丰满,头尾轴缩短而背腹轴和左右轴增长。

当今金鱼的体形大致可以分为 4 个类型:蛋种金鱼的体形近似于鸭蛋形,琉金金鱼的体形侧视近似于菱形,珍珠金鱼的体形近似于扁扁的球形,狮头金鱼的体形侧视则近似于半球形。金鱼的体形发生如此大的演变,完全是适应环境、基因变异和人工定向选育的结果。

1. 金鱼自从进入盆(缸)养殖时代后,由于生长和活动空间狭小,游行活动变得缓慢,更无需长距离觅食或逃避敌害,利用背部和尾柄摆动向前推进的功能被大大弱化。根据"用进废退"的演化原理,除了背肌退化,尾柄也随着演化过程完成了由粗变细、由长变短的退化进程;背肌退化和尾柄退化的结果当然是体长的缩短。

2. 金鱼进入盆(缸)养殖时代,生长的空间虽然狭小,但是因为饲养环境优越,饵料丰富营养充足,在体轴的纵向发育受到限制的情况下,营养的积累必然促使形体往体轴的横向和垂直两个方向发展,形成了高背峰、腹部下垂并向两侧膨大、丰满圆润的体形。

3. 因为尾柄退化、圆润丰满的体形更符合人们的审美价值观,在饲养欣赏和选种繁育的过程中,瘦长体形不断被淘汰,粗短圆润的体形得以保留并遗传给后代。

三、鱼鳍的变异

金鱼鳍条的变异较早见于史料记载的是公元 1579 年明代陈善的《万历杭州府志》:"七曰盆鱼:为金,为玉,为玳瑁,为水晶,为蓝。""又取虾与鱼感则鱼尾酷类于虾。

仙子出游凌素波·宽尾狮头金鱼

红白花软鳞短尾琉金金鱼

有三尾者,五尾者,此皆近时好事者所为,弘正间盖无之,亦足觇世变矣。"有趣的是,当时人们尚不清楚金鱼尾鳍发生变异的真正原因,而是根据鱼尾形状"酷类于虾"得出了是鱼与虾相交后"有三尾者,五尾者"的误解结论,并且与民间风俗与世道的变迁相联系。

1. 尾鳍的变异。鱼鳍是鱼的运动和平衡器官,金鱼的主要特征之一是尾鳍发生了很大变异。金鱼的饲养进入到盆(缸)养殖时代后,依靠尾部左右摆动、快速前行以躲避敌害、寻觅和争抢食物的功能不再需要,因此除了尾柄退化,尾鳍也随之发生了改变:由垂直坚挺的单尾鳍逐渐变化为排水力较小的柔软、宽大并且是水平方向展开的双尾鳍。柔软宽大并且是水平方向展开的双尾鳍一方面使游动缓慢,另一方面还可以补偿因尾柄退化而减少的尾部重量,不致于头重尾轻、失去身体的平衡。

金鱼尾鳍的形态变化最为丰富,根据分叉有三开尾、四开尾等,根据长短有长尾和短尾之分,根据不同的形状可分为裙尾、燕尾、凤尾、蝴蝶尾、孔雀尾、翻翘尾等。

2. 臀鳍、背鳍的变异。金鱼鱼鳍的显著变化还表现在臀鳍与背鳍。鲫鱼的臀鳍主要功能是平衡和增加垂直的排水面,助鱼体摆动快速前行。金鱼因为运动功能的退化,臀鳍随着尾柄退化和腹部的增宽,由单鳍变为双鳍,起着分布平衡鱼体重量的辅助作用。鲫鱼背鳍的主要功能除了平衡身体、增加垂直的排水面,还有坚硬的棘,起到防御被捕食的功能。金鱼的背鳍宽大飘逸,硬棘细而相对柔软,增加了观赏性。随着鱼身演变成圆短的蛋形,以后又出现了背鳍完全退化的蛋种金鱼。

鱼类的胸鳍和腹鳍主要司进退、转向和平衡身体的功能,因为金鱼胸鳍和腹鳍这一功能并未减弱,所以也就不难理解金鱼诸鳍之中变异最小的是胸鳍和腹鳍,形状也只是有长短变化而已。

金鱼鱼鳍发生的变异,除了因为生活环境的改变和体形的改变,更重要的

虎头金鱼

是人们根据文化审美观念的价值取向，经过长期选育得来的结果。双尾叶尾鳍当然比单尾叶尾鳍更符合人们追求新奇别致的审美需求，以后又在双片尾叶的基础上培育出了裙尾、蝴蝶尾等更具有欣赏把玩价值的尾形。近些年为迎合人们追求新颖简洁的时尚，也有不少将原来的长尾品种培育成短尾品种的事例。

短尾软鳞红白花琉金金鱼

再以金鱼的背鳍为例，文种金鱼以背鳍挺拔高耸、撑张如帆显现出潇洒健美之态；蛋种金鱼虽然背鳍退化，但是因为背部锦鳞灿烂，从俯视的角度观赏另有一种别致的审美效果。水泡眼金鱼、望天眼金鱼、虎头金鱼等虽然都可以培育出有背鳍或无背鳍的品种，但是没有背鳍而圆滑的脊背却更加突出了它们丰圆如蛋的体形，也更加突出了头部变异的形态特征，并且同样不失和谐完美的整体形态。而此类金鱼中出现有背鳍的个体一般被视为次品遭到淘汰。

四、头形的变异

根据头部有无肉瘤，可将金鱼分为平头型和发头型两大类。金鱼头骨形态变化差异并不大，仅有大小宽窄之差别。发头类金鱼头骨宽大，因为头部的皮肤组织异化、细胞营养性增大而在不同部位生发出多种形态的肉瘤，肉瘤之中贮存了大量的细胞基质。根据头部肉瘤的分布和不同的形状，其变异大致可以分为鹅头形、狮头形、虎头形和皇冠形等几种类型。

鹤顶红金鱼

红白狮头金鱼

赤眼红白花虎头金鱼

1. 鹅头形。头部上方皮肤组织增生异化并向上凸起形成蘑菇形或帽子形头冠，而面颊两侧较平滑少有皮肤组织增生，这类品种有鹤顶红金鱼、鹅头红金鱼等。

2. 狮头形。头部上方和面颊两侧包括鳃盖均有皮肤组织增生异化形成发达的肉瘤包裹整个头部，两眼深陷甚至包埋于其中，头部上方肉瘤更为丰满发达形成厚实的隆起，如狮头类金鱼。

3. 虎头形。头部上方和面颊两侧包括鳃盖均有皮肤细胞组织增生异化，形成发达的肉瘤包裹整个头部，但头部上方肉瘤不如狮头金鱼丰满，而面颊两侧包括鳃盖部位肉瘤相对更为发达，这类品种有虎头金鱼、兰寿金鱼等。

4. 皇冠形。头顶肉瘤发达并向上高高隆起，形成表面光滑且略呈透明、形似玛瑙的球冠形状，也有头冠中央有一凹陷的浅沟，将其一分为二成为形如"仙桃"的双冠，例如皇冠珍珠金鱼。

蟠桃献寿·皇冠珍珠鳞金鱼

金鱼头部肉瘤的出现和发育丰满，是金鱼产生突变和人工定向选育杂交的结果。在人工饲养的优越环境中，尽管饵料丰富营养充足，但是躯干的生长却受到了限制，多余的营养促使了头部皮肤组织增生变异，这一变异也正好迎合了人们追求新美奇特的审美需求，经过长期的定向选育和杂交，于是有了现今的发头类品种。养好发头类品种，第一是选种，第二是充足的营养和良好的饲养条件。

五、眼部的变异

自然界中，鱼类为了适应生存需

弹涂鱼

要,眼睛发生变异的也不乏其例。如弹涂鱼的双眼凸出于头顶的上方,是为了在裸露的海涂上寻觅食物时,能够迅速发现并躲避敌害;双髻鲨的双眼着生于头部的两侧,不仅具有视觉功能,眼部周围的皮肤还有感应微弱电流的细胞,如同扫雷器,帮助眼睛发现藏匿于泥沙中的鱼

双髻鲨

虾等等。金鱼眼睛的变异并不是为了适应生存的需要,同样也是营养性的组织增生变异。明代屠隆的《考槃馀事》中就有了凸眼金鱼的记载,即现今的龙睛品种,以后又出现了朝天眼、水泡眼等等。金鱼体表各器官中,要数眼睛的变异最为典型和奇特。

鱼类的眼球外围具三层被膜,即最外层的巩膜、居中的脉络膜和内层视网膜。部分金鱼眼球凸出于眼窝之外,因巩膜外被丰富的色素细胞,除了有与金鱼体色相近的色彩之外,还有银白、银灰、朱红等。脉络膜中的银膜除了富含鸟粪素,有的还含有黑色素细胞、黄色素细胞或红色素细

龙睛金鱼

胞,所以金鱼的眼圈呈现银白、银灰、金黄、紫金、鲜红等多种色泽,成为观赏金鱼之要点。

1. 龙睛:眼球膨大横向凸出于眼窝外,可以比较清楚地观察到眼部结构。如果仔细观察,因为眼肌的牵动,金鱼的眼睛还可以像"变色龙"蜥蜴一样上下左右小角度转动。通常把此类金鱼称之为龙睛金鱼。由于其向外凸出的眼睛与图案中龙的眼睛非常形似,因而冠之以龙睛金鱼的名称。

根据眼球和巩膜的不同形状,又有蚕

五彩水泡眼金鱼

豆眼(眼大而黑,形如蚕豆)、算盘珠眼(眼大而圆,形如算珠)、灯泡眼(眼中等大,透明的巩膜分别向两侧突出,形如灯泡)、牛角眼(眼部透明的巩膜分别向两侧突出且末端尖细,形如牛角)之分。灯泡眼和牛角眼虽然奇特,但是不具美感。

2. 望天眼:眼球膨大凸现于眼窝之外并向上翻转90度朝向头顶上方,形成十分奇特的望天眼又称朝天眼。眼圈银灰色或金黄色,眼球外径与头长的比例达到0.8：1左右。

3. 水泡眼:眼球与正常眼金鱼的一样大,但眼球也凸于眼窝之外并向上翻转90度朝向头顶上方,也有金黄色或银灰等色彩的眼圈,左右眼睛的外侧下方分别生出充满体

洛神波底住　逍遥水晶宫

液的大水泡,像携着一对前后左右不断晃动的灯笼,称之为水泡眼。

以上三种眼型的变异形成了龙睛、水泡眼和望天眼(或称朝天龙)三大类品种。

六、鼻隔膜的变异

鱼类的鼻孔司嗅觉。鼻孔上方有一对瓣膜称为鼻隔膜,鼻隔膜的作用是将前后鼻孔分开,其中前鼻孔司进水,后鼻孔司出水。有些金鱼鼻隔膜异化成为直径2~3毫米以上的肉质球状褶皱,除了绒球类金鱼,其他种类的金鱼也时有这种异化现象出现。人们利用这一变异,经过定向培育,终于使瓣膜状的鼻隔膜异化发育成为一对或两对直径达到5~8毫米以上的球形褶皱,称之为绒球。绒球表面也有丰富的色素细胞,因而也呈现出红艳、墨黑、玉色、紫色等多种色彩。

利用鼻隔膜的变异培育出了各类绒球金鱼,以后又利用杂交技术,培育了具有复合性状的如蛋球、龙睛球、望天球、狮头球等多个品种。

此鱼冠朱帽　一袭紫罗袍

七、鳞片的变异

鳞片是皮肤真皮层的衍生物,包埋于真皮层形成的鳞囊中。可分为:基区(斜插于鳞袋之中),顶区(露出鳞袋之外的扇区),鳞焦(鳞片最早形成的部分),鳞崤(鳞片表面呈同心圆状隆起的线)。鳞片也是鱼体的外骨架,起着支撑和保护的作用。此外,鳞片上还有环生的年轮,据此可以判断鱼的年龄。

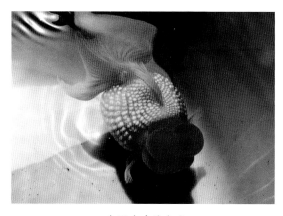

皇冠珍珠鳞金鱼

金鱼的鳞片柔韧扁薄,富有弹性,作复瓦式排列,有利于身体的活动。金鱼的鳞片除有正常鳞,还有变异的珍珠鳞等。

1. 正常鳞。正常鳞柔韧扁薄,形状与鲫鱼鳞片无异。正常鳞有"硬鳞"和"软鳞"之分。"硬鳞"表面覆有反光层——鸟嘌呤颗粒,能够反射皮肤组织中的色素细胞而使金鱼呈现各种鲜明艳丽的色彩,行话称之为"硬鳞"。"软鳞"是表面没有反光层的鳞片,粗略一看似乎体表只有色彩而不见鳞片,因为鳞片是透明的,所以称之为"透明鳞",业界又将透明鳞称作"软鳞"。

具有透明鳞的金鱼体表色彩显得比较暗淡。有些五花色彩的金鱼,体表既有正常鳞,也有透明鳞,显示出明暗不同的色泽。有些金鱼的体表既没有色素细胞,鳞片和鳃盖也没有反光层,所以透过透明的鳞片看见的是粉色的体表,甚至透过透明的鳃盖隐约可见鲜红的鳃丝,此类金鱼称为"白片",因为观赏价值低,饲养过程中多遭淘汰。

2. 珍珠鳞。珍珠鳞为珍珠鳞金鱼所特有,正常鳞片是一个扁薄微凸的平面,而珍珠鳞金鱼的鳞片以鳞焦为中心,骨质层增厚凸起形成乳白色球面,覆于金鱼体表形似镶嵌的串串珍珠,又因皮球状的体形,因此得名珍珠鳞金鱼。

几乎各类金鱼都有"软鳞"和"硬鳞"之分,"软鳞"品种又可根据色彩细分为樱花、素蓝花、五花(五花中又分红白花、蓝花、五彩品种)等等;"硬鳞"色彩就更多,包括红、黄、白、黑、青、蓝、紫以及多种组合。

八、骨骼的变异

金鱼体形的变化实质是骨骼的变异。例如整条脊椎弯曲呈弓形,椎骨融合现象普遍。为适应分叉尾鳍的附着,末端三个尾椎形态变异显著,末了尾椎连同支鳍骨纵裂为二向两侧水平方向分叉并显著延长。因腹部膨大而肋骨细长。发头类金鱼的头骨相对宽大,蛋种金鱼脊椎骨上部的

透明鳞五彩蝴蝶尾金鱼

165

髓棘退化。

鲫鱼的侧线鳞为 30~33 枚,金鱼因为椎骨融合和体形变短,侧线鳞也相应地减少为 26~28 枚。

金鱼由于外部形态的多种变异和不同色彩的分布组合,它们既可以相互串杂、也可以比较稳定地遗传给后代,如此形成了数以百计的品种。奇特的变异、纷繁的色彩和文雅婀娜的款款游姿,这也许就是自古以来玩养金鱼的魅力所在。

金鱼品种分类和命名

一、金鱼品种的分类

金鱼品种繁多,但是所有金鱼均出自鲫鱼的旗下。经过一千多年的衍变,金鱼外部形态发生了很多变异,这些变异的性状可以相对稳定地遗传给后代,还可以通过相互杂交,培育出具有复合性状的品种。金鱼品种纷繁,为了便于

十二红蝴蝶尾金鱼

识别和区分,一般根据金鱼的外部形态特征,由粗到细,由简至繁分三个层次对金鱼进行品种的分类和命名。

第一个分类层次是将金鱼粗分为草种金鱼、文种金鱼和蛋种金鱼三大类。它们的主要区别在于:

金鱼文化艺术欣赏

JIN YU WEN HUA YI SHU XIN SHANG

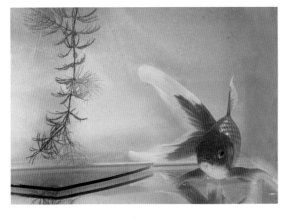

草金鱼

1. 草种金鱼为单尾,体形长而侧扁,呈纺锤形,形态与鲫鱼类似,俗称"金鲫"或"草金鱼"。"草"在汉语中有"草根""低贱"等释义,明代有了双尾的"朱砂鱼"以后,江南一带已将金鲫视为不登大雅之堂的"陂池之物"。从生物习性看,草金鱼亦与文种和蛋种金鱼有较大差别,草金鱼游速快,抗性强,畜养环境粗放,适宜于户外的

池塘、小溪等造景之用,文种和蛋种金鱼在户外水域如果没有特殊的保护措施很难存活。草金鱼为池塘畜养的粗放品种,生长繁殖过程中发生的变异很少有人问津,因此品种远不如文种金鱼和蛋种金鱼丰富。

麒麟菊花顶金鱼

2. 文种金鱼为双尾,体形粗短丰满,有完整背鳍,侧视因形似汉字中的"文"字,故名"文种金鱼"。

3. 蛋种金鱼双尾,没有背鳍,体形粗短圆润,俯视呈卵圆形,故名蛋种金鱼。

也有将金鱼分为文种和蛋种两大类的分类方法,而不将金鲫列入金鱼的范畴。

第二个分类层次是在"草种""文种""蛋种"三大类别的基础上根据各类金鱼的头、鼻、眼、鳞片以及鳍条等外部器官形态上的变异再将它们进行分门别类。

1. 草种金鱼。形态变化比较简单原始,仅尾鳍有短尾、长尾(燕尾)之分,一般将草种金鱼分为短尾草金鱼、长尾(燕尾)草金鱼两个品系。

2. 文种金鱼。文种金鱼形态变异最为丰富,仅以单一品种特征进行分类,也至少有9个品种系列之多。

（1）文鱼。有背鳍,平头型,正常眼的金鱼,可归为"文鱼"一类。又根据身的长短、背的高矮、尾鳍的形状以及色彩分布特点分为文鱼、长尾文鱼、宽尾文鱼、和金、地金、土佐金、琉金、长尾琉金、宽尾琉金等。

（2）文种绒球金鱼。有背鳍,正常眼,鼻部有绒球的金鱼称"绒球"金鱼。

（3）珍珠鳞金鱼。有背鳍,平头型,正常眼,鳞片变异为珍珠鳞的金鱼称"珍珠鳞"金鱼或者"鼠头珍珠鳞"金鱼。又根据尾鳍的形状,将珍珠鳞金鱼分为短尾、长尾和宽尾等类型。

（4）皇冠珍珠鳞金鱼。有背鳍,正常眼,珍珠鳞,有头冠的金鱼称"皇冠珍珠鳞"金鱼或称"高头珍珠鳞"金鱼。

五彩珍珠鳞金鱼

167

龙睛金鱼

（5）龙睛金鱼。有背鳍,平头型,双眼向两侧凸出的可以归为"龙睛"金鱼一类。又根据身的长短和尾鳍形状,分为"短尾龙睛"金鱼、"长尾龙睛"金鱼、"宽尾龙睛"金鱼和"蝴蝶尾"金鱼。

（6）朝天龙金鱼。有背鳍,平头型,双眼向两侧凸出并向上翻转90度的金鱼称"文种望天眼"或"扯旗朝天龙"或"朝天龙"金鱼。

（7）文种水泡眼金鱼。有背鳍,平头型,眼部有水泡的金鱼称"文种水泡眼"金鱼或"扯旗水泡眼"金鱼。

（8）文种高头金鱼。有背鳍,正常眼,头部上方有肉瘤并形成冠状突起的金鱼称"文种高头"金鱼,鹤顶红金鱼即属此类。

（9）文种狮子头金鱼。有背鳍,正常眼,头部肉瘤包裹整个头部的金鱼称"文种狮子头"金鱼或"狮头"金鱼,根据尾鳍的形状也有"中尾"和"宽尾"之分。

五花蛋球金鱼

如果将两个或两个以上具有不同品种特征的种类进行杂交,又得到具有复合性状的品种系列,如"龙睛球"金鱼、"龙睛高头"金鱼、"龙睛高头绒球"金鱼等。根据《中国金鱼名录》,通过各种品种特征的杂交组合,文种金鱼中至少还可以衍生出20个品种系列。

蓝狮头金鱼

3. 蛋种金鱼。形态变异多样,以单一品种特征进行分类,至少有7个品种系列。

（1）蛋鱼。无背鳍,体形短圆,平头型,正常眼,将短尾者称作"蛋金",长尾者称"丹凤"。

（2）蛋种绒球金鱼。无背鳍,体形短圆,正常眼,鼻部有绒球,称"蛋种绒球"金鱼。又根据尾鳍的长短,短尾称"蛋球",长尾

五彩水泡眼金鱼

称"丹凤绒球"。

（3）望天眼金鱼。无背鳍，体形短圆，平头型，双眼向两侧凸出并向上翻转90度的金鱼称"蛋种望天眼"金鱼或"望天"金鱼。

（4）水泡眼金鱼。无背鳍，体形短圆，平头型，眼部有水泡的金鱼称"蛋种水泡眼"金鱼或"水泡眼"金鱼。

（5）蛋种高头金鱼。无背鳍，体形短圆，正常眼，头部上方有肉瘤并形成冠状突起的高头型，称"蛋种高头"金鱼，"鹅头红"金鱼即属此类。

（6）虎头金鱼。无背鳍，正常眼，体形短圆，尾短，肉瘤包裹整个头部的称"虎头"金鱼，亦俗称"寿星头"或"寿星"；另有长尾的称作"虎头丹凤"金鱼。

（7）兰寿金鱼。日本培育的兰寿金鱼是与中国虎头金鱼平行进化的一个品种，特点也是无背鳍，正常眼，尾短，肉瘤包裹整个头部。但是在品种培育过程中，对兰寿金鱼头部肉瘤的形状，背部弓形的弧度和尾鳍上翘的角度更为讲究，体形相对偏长。

与文种金鱼类似，如果将两个或两个以上具有不同品种特征的蛋种金鱼进行杂交，也可以得到许多具有复合性状的品种系列，如"望天球""虎头球""丹凤球"等。根据《中国金鱼名录》统计，各类蛋种金鱼进行品种之间的杂交组合，也至少可以衍生出13个品种系列。

此外，还有金鱼鳃盖向外翻卷，鳃丝外露的变异现象，称作"翻鳃"金鱼，过去也作为金鱼的一个品种特征培育繁衍，现代将此变异视为是一种生理缺陷或者观赏方面的瑕疵，已经没有人将其作为一个品种去刻意培育了。

第三个分类层次是根据各品系金鱼体表的不同色彩，以及色彩分布的特点，将它们进一步细

红白花望天球金鱼

分为诸多品种。因为各类金鱼都有红、黄、白、黑、青、蓝、紫、红白、红黑、黑白、蓝白、紫白、紫红、紫蓝、红黑白、紫红白、紫蓝白、红蓝白、五花等色彩,以及色彩分布在某些特殊部位而形成的特色品种,因此可将金鱼分为数百个品种。

草种金鱼的形态变异最为简单,但是根据尾形和色彩的变异,可以分类为20多个品种,常见的如红草金鱼、红白花燕尾草金鱼、五花长尾草金鱼、丹顶草金鱼等。

文种金鱼根据不同的品种特征有近30个品系。再根据尾形、色彩进行分类,品种极为丰富。根据《中国金鱼名录》所列竟有415个之多,常见的如红白花短尾琉金、樱花短尾琉金、五花短尾琉金、红白花长尾琉金、红白花绒球、五花绒球、紫身红绒球、红白花珍珠鳞、五花珍珠鳞、皇冠珍珠鳞、红龙睛、墨龙睛、喜鹊花龙睛、红白花蝴蝶尾、紫蝶尾、黑蝶尾、黑白蝶尾、蓝蝶尾、五花蝶尾、三色蝶尾、鹤顶红、红狮头、红白花狮头、黑狮头、蓝狮头、紫狮头、樱花狮头、五花狮头、铁包金狮头、朱顶紫罗袍狮头、紫白狮头、龙睛鹤顶红、龙睛紫狮头、龙睛紫绒球、龙睛三色绒球、龙睛珍珠鳞等。

蛋种金鱼根据不同的品种特征也至少有20个品系,再根据尾形、色彩进行分类,列入《中国金鱼名录》的也有137种。比较常见的有红水泡、红白花水泡眼、五花水泡

黑蝴蝶尾金鱼

红蝴蝶尾金鱼

铁包金蝴蝶尾金鱼

紫兰花蝴蝶尾金鱼

眼、黑水泡眼、蓝水泡眼、白水泡、朱砂眼水泡、红望天眼、红白花望天眼、五花望天眼、红虎头、红白花虎头、黑虎头、红黑虎头、朱砂眼虎头、紫砂虎头、五花虎头、鹅头红、许氏鹅头红、红兰寿、红白花兰寿、黑兰寿、红黑兰寿、樱花兰寿、五花兰寿、红蛋绒球、蓝蛋绒球、紫蛋绒球、五花蛋球、五花虎头球、红白花望天球、五花望天球等。

　　"正常鳞"与"透明鳞"也是金鱼分类的重要依据。五花、樱花、素蓝花金鱼的鳞片多为正常鳞与透明鳞相杂，显现出明暗不同的色彩，玻璃花金鱼的鳞片全部是"透明鳞"，体表呈现肉红色。"五花"是指体表有红、橙、灰、黑、紫、白等多种色彩，"樱花"是指体表色彩仅有红白两色，"素蓝花"是指体表色彩仅有浅灰和浅黑两色，"玻璃花"是指体表没有色素的种类。五花金鱼中还有全部是正常鳞的种类，称"荧鳞"。

　　此外，玩家还根据金鱼不同的地域风格进行分类，如武汉培育的虎头金鱼因为头部肉瘤特别发达，形成特殊的头型，称为"武汉猫狮头"，兰寿金鱼又根据头部肉瘤的形状以及身形等形成的特有风格，分为"日寿"系，"泰寿"系和"福寿"系等。

　　中国水产学会观赏鱼研究会2000年公布了《中国金鱼名录》，根据金鱼的形态特征将金鱼分为52个种类，再根据各种类金鱼的色彩特点，命名了579个品种，可见金

171

喜鹊花蝴蝶尾金鱼

樱花蝴蝶尾金鱼

三色蝴蝶尾金鱼

荧鳞蝴蝶尾金鱼

红高头白龙睛金鱼

鱼品种之繁多。金鱼的品种特征大多数可以相对稳定地遗传给后代，但是也有些鱼品因为出现的概率极低，甚为稀罕，如"十二红蝴蝶尾""朱砂眼水泡""朱顶皇冠珍珠鳞"等；有些品种繁殖率低下或者后代成品很少，流传的范围不广，如黑珍珠、紫水泡；还有一些如"朱顶紫罗袍""喜鹊花"等品种为某一时段出现的色彩，随着时间的推移色彩还会发生新的变化。有些品种虽然奇特，但是观赏价值不高，例如透明鳞水晶金鱼和翻鳃金鱼。还有一些"多料"的品种，虽有多个品种特征集于一身，但由于相互掣肘，显得不伦不类，观赏价值反而不高，例如龙睛珍珠鳞金鱼、水泡眼珍珠鳞金鱼等。

需要说明的是，金鱼起源于鲫鱼，在动物分类学上两者属于同一物种，根据金鱼的形态变异对金鱼进行分类，借用了种类、品系、品种等一些名词，这主要是为了方便叙述表达，与生物学上种类、品系、品种的概念还是有一定区别的。

二、金鱼品种的命名

金鱼品种繁杂，因此对其命名也是五花八门，考察各个不同历史时期对金鱼的名称叫法，从中也可以看出金鱼的进化演变过程。

金鱼的变异最初是从色彩的变异开始，宋代以前的史料称金鱼为"赤鳞鱼""火鱼""金鲫鱼"。明代金鱼出现了双尾、短身等形态上的变异，人们以"金鱼"或"朱砂鱼"名之，以示与原始的单尾鳍"金鲫"相互区别。这一时期畜养金鱼普及繁盛，各种花色的金鱼大量涌现，引起了社会的极大兴趣，人们根据金鱼体表色彩分布的特点，争相用文学的辞藻形容描绘对金鱼的惊奇和喜爱，例如"琥珀眼""金盔""金鞍""玛瑙

朱球白龙睛金鱼

眼""锦被""堆金砌玉""落花流水""隔断红尘""莲台八瓣"等,既形象点明了鱼品的特色,又给金鱼附加了鲜明的文化属性。

　　清代各色金鱼的名称更加丰富多彩,如《金鱼图谱》所列举的"红云捧日""霞际移飞""篱外桃花""二龙戏珠"等林林总总竟有 47 种之多。以后金鱼的形态有了更多的变异,人们将眼睛向外凸出的黑色金鱼命名为"墨龙睛",将头上生出肉瘤的金鱼命名为"狮子头",将尾鳍形如蝶翅的称"蝴蝶鱼"等等;特别是晚清至民国一段时间,金鱼的各种变异大量出现,各类品种极大丰富,又出现了"水泡眼""朝天龙""朝天龙带球""反鳃水泡眼""珍珠鱼""五花蛋"等,表现色彩特色的华丽辞藻已不能正确反映金鱼的品种属性和特点,金鱼的命名方法转向了以形态特征为主要依据对金鱼进行命名。近代随着更多品种的出现,为了避免由于各地叫法不同引起名称上的混乱,金鱼的命名方法逐步得以规范。

　　对各色金鱼的命名,除了反映金鱼的形态特点,也应突出金鱼的艺术特征和文化内涵,还要简洁顺口,见名会意。现代金鱼的命名一般以色彩＋品种组成名称,如红绒球、红白花珍珠、五花水泡等;如在名称的前面再冠以蛋种或文种以示强调有无背鳍,如"蛋种红水泡""文种红水泡"等。集多种变异特征于一身的品种,一般依发生变异的进化次序进行命名则比较顺口,如紫龙睛绒球金鱼、紫龙睛高头红绒球金鱼等;为了突出看点,将重要的品种特征放在前面会更好,例如"朱球白龙睛"突出一对绒球是红色,其他部位是银白色的龙睛金鱼;"红高头白龙睛"突出头冠是红色,其他部位是银白色的龙睛金鱼。有些特殊的鱼品如"十二红""朱顶紫罗袍"等仍然沿用了传统名称。

173

蝴蝶尾金鱼

第七章　家庭饲养金鱼

　　饲养金鱼美化我们的家庭生活,给人们带来饲养小动物的诸多乐趣,还可以从中感悟人类的智慧和自然的神奇,丰富有关生命科学的知识。

饲养金鱼的乐趣

　　饲养金鱼,美化生活,享受人生,陶冶情商,启迪心智。金鱼千变万化,品种纷繁,色彩美艳,仪态婀娜,欣赏金鱼之美,发现金鱼之美,创造金鱼之美是饲养金鱼的一大乐趣。对金鱼的鉴赏也是对艺术欣赏能力的培养,人的艺术素养也可以在饲养和鉴赏金鱼的过程中得到提高。

群芳竞秀·短尾五彩琉金金鱼

饲养金鱼美化生活。金鱼是一个被艺术化了的物种。我们的审美价值观和人文价值观赋予了金鱼艺术化的形象,金鱼无论从体表色彩、形态特征、游行姿态等都体现出具有普世价值的艺术之美,深受世界各地人民喜爱,堪称活的文化艺术作品。厅堂之中饲养一缸金鱼,让我们在繁忙的工作之余,享受一份惬意与轻松。如果再根据自己的创意,配置一些水族布景,使水族箱内的景致丰富多彩,在灯光的映照之下,别具变幻的动态美给家庭营造出恬静高雅的文化氛围和浪漫温馨的艺术享受。

金鱼除了饲养于盆缸之中供观赏,还是造园艺术不可或缺的动景。庭院之中砌筑鱼池,池边一角叠石为山,再缀以盆景花草修竹,一种奇峰绝壑、翠竹荫翳、飞泉叠瀑、碧水游鱼的艺术效果为庭苑景观平添出勃勃生机。

饲养金鱼祈愿幸福。金鱼不仅美化生活,给我们带来艺术的享受,饲养金鱼还象征富贵喜庆、吉祥如意。金鱼的谐音取"金余",因此金鱼除了供观赏,还是人们的寄愿之物,厅堂中摆放一缸金鱼取"金玉满堂"之寓意,在讨得口彩的同时,寄托了人们对美好生活的期盼,有些品种更有其特殊的寓意,如"红运当头""紫气满庭""鸿运高照""福寿双全"等等,不一而足。金鱼在传统民俗文化中,代表着幸福美满、吉祥和顺。

饲养金鱼怡情养性。金鱼文静娴雅,养者亦悠然自得。池沼碧水之中饲养一群金鱼,看着它们随群逐队,盘桓游动,波光锦鳞,各显身姿,如此观鱼游之欢,享闲适之乐

名品欣赏·绒球金鱼

的生活情趣,难道不令人向往?

现代社会,资讯多,节奏快、压力大,饲养金鱼可以作为一种纾解压力、调节心情的休闲方式和业余爱好。工作学习之余,抽出一点时间为金鱼操劳片刻,可以收怡情养性、活动身体之效。欣赏着光鲜活泼的金鱼在清澈透亮的水中舒适欢快地嬉戏,我们在为自己的劳作成果而感到满足的同时,也给心灵带来一份褒奖和慰藉。

饲养金鱼低碳节约,不污染环境,管理上无需耗费过多精力,不会给正常的工作生活增添麻烦,更不会给他人带来干扰和反感,金鱼的安静与祥和,通过潜移默化的方式感染着欣赏它的人们,使人们的心态趋向舒缓平和。

与养花养鸟、养猫养狗一样,饲养金鱼既增加了人们的生活情趣,也使饲养它们的主人增添了一份牵挂和责任,正因为有了这一份牵挂,让我们更加重视对生灵的关爱和对生命的珍惜,人们的一颗怜悯博爱之心也因此而更加纯洁高尚。

饲养金鱼也培育了一颗爱美之心。人类文明社会的进步,既有赖于物质文明的创造,同样也伴随着文化艺术修养的提高。金鱼千姿百态,是源于自然、人工培育的艺术作品。金鱼在生长发育过程中,形态和色彩发生的变化会引发人们丰富的联想期待和成功的意外喜悦,金鱼之美同样在于发现,同样来源于创造,鉴赏金鱼也是对提高艺术欣赏能力的一种培养。人的审美价值观和艺术素养可以在发现金鱼之美、创造金鱼之美、欣赏金鱼之美的过程中不断得到升华。

饲养金鱼丰富知识。饲养金鱼是一种修身怡情养性,提高科学素养的闲暇爱好。现代社会,饲养金鱼不仅仅是止于玩赏,还具有科普和文化消费等属性,对金鱼的爱好和研究同样也是博物学的一个部分,饲养金鱼并且研究了解其中所蕴含的科学和文化,能使人博学、充实、博爱、快乐,使人们的生活更加丰富多彩,和谐美丽。

金鱼是物种进化的又一个有力例证,它的形态演变向我们展现了物种进化的伟大与神奇。了解金鱼的演化历史,探究金鱼的变异成因,既可增加生活之兴味,又睹祖国文化遗产之丰厚,我们也会为中华文明的成果而自豪。饲养金鱼也涉及到多个学科的科学技术,例如如何有效利用藻类的光合作用增加水体溶氧,供金鱼呼吸之需?如何利用各类有益细菌净化水质,促进氮的循环?如何建立和维持饲养水体的生态平衡,让金鱼健康地生活并且激发出潜在的美丽从而给我们带来更多的快乐等等,而亲手培育出新的品种或品系更是金鱼

名品欣赏·绒球金鱼

177

饲养爱好者梦寐以求的奋斗目标。所以饲养金鱼既能得到很好的审美享受,怡情养性,同时也给我们的生活增添了科学的趣味。

饲养金鱼还能改善室内空气。现代居家以楼房为多,室内空气相对干燥,特别是在气候干燥的冬季,使用空调、暖气致使室内空气过于干燥,往往使人唇干舌燥,甚至鼻腔出血。但是如果饲养金鱼,由于鱼缸内水分的自然蒸发,可以有效改善室内空气

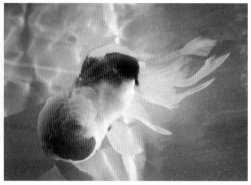

"红运当头"的樱花狮头金鱼

湿度,增加了人体的舒适度,还免去加湿器的花费。赏鱼又加湿,如此一举两得的好事,又何乐而不为呢?

金鱼为什么爱生病

金鱼广受人们喜爱,因此很多人家都有饲养金鱼的经历。但是饲养金鱼的过程却给人们留下了一些负面印象,很多人总认为金鱼爱生病难以养活。那么,金鱼真的很难饲养吗?如果分析一下金鱼患病夭折的原因,了解一点金鱼的生物习性,改善一下金鱼的生活条件,也许我们可以改变原先的观念和结论。

溶氧是否足以供金鱼呼吸之需? 动物需要呼吸,吸进氧气,呼出代谢产物二氧化碳,鱼类也是如此。高等陆生动物用肺呼吸,鱼类是依靠鳃进行呼吸,溶解在水中的氧气透过鳃小片微血管进入血液,血液中的二氧化碳也透过鳃小片毛细血管排入水体,完成气体的交换。在自然状态下,水中的溶氧通常来自两条途径:一条途径是依靠水面与空气的接触,使空气中的氧气溶入到水中;另一条途径是依靠水中的植物(包括浮游植物)进行光合作用产生氧气。事实上,在家庭饲养金鱼的人工小水体中,水与空气接触的界面很小,空气中溶入水体的氧气非常有限;而为了得到较好的观赏效果,人们又喜欢将金鱼饲养在缺乏藻类的清水之中。所以一般情况下水体中的溶解氧并不能满足金鱼的正常呼吸,所以我们也会经常发现鱼缸中的金鱼浮至水面,艰难地仰头呼吸,痛苦地发出唧唧之声,这就是缺氧的表现,俗称"浮头"或"叫水"。长期供氧不足导致金鱼体质下降,增加患病几率,稍遇环境变化就会引起疾病与死亡。缺氧对任何水生动物都是难以忍受的痛苦,无论热带鱼、锦鲤或其他土著观赏鱼也都如此。

试想,金鱼若长期生活于缺氧的环境之中,呼吸困难,生存痛苦,焉有不患病之理?

增加水体溶解氧的方法有三:

1. 换水增氧。新水中溶氧相对丰富,能够解决金鱼呼吸的一时之需,换水的同时也减少了有机物对溶氧的消耗。

2. 生物增氧。培育适量的浮游植物,通过它们的光合作用增加水体中的溶氧,但是浮游植物在不进行光合作用时又需要消耗氧气(即所谓"暗呼吸"),又成为与金鱼争夺氧气的竞争者,所以饲养中还需要控制好浮游植物的繁殖与生物量。

3、人工机械增氧。通过机械的方法向水体充入空气,使空气中的氧气溶于水中,这是目前最简便有效的增氧方法。

是否解决了水质污染? 野外水域中各类细菌、动植物平衡相处,保持着生态的平衡和稳定,即使有局部污染,鱼类也会本能地回避并游动到安全的场所。饲养在水族箱中的观赏鱼觅食排泄均为同一场所,由于水体空间狭小,排泄物的积累远远超过水体的自净能力,从而导致水体污染不断加剧,此时我们可以观察到水质发白混浊,散发出腥臭的气味。排泄物中的含氮化合物,在分解过程中产生的氨和亚硝酸盐均对鱼有很强的毒性,它们通过毫无保护屏障的鳃进入血液循环,对鱼的肌体组织造成损害。如亚硝酸氮可置换血红蛋白中的铁,降低血液的携氧能力,并影响肌体生化反应,损坏组织器官。亚硝酸盐中毒的一个显著标志是鱼在水面仰头呼吸,尽管水中并不缺少氧气,但是由于血红蛋白携带氧的功能受到破坏,鱼仍然感到窒息难受。氨和亚硝酸盐等有毒物质如果不能及时有效地分解去除,甭说金鱼,生活在此类环境中的任何鱼类也都难逃一劫。

五彩狮头金鱼

名品欣赏·狮头金鱼

解决水体污染的途径也有三条：

1. 给金鱼足够大的生存空间，使得生态能够达到自我修复与平衡。

2. 及时换水稀释污染物质，降低氨氮、亚硝酸氮等对鱼的毒害。

3. 利用物理过滤和硝化细菌、反硝化细菌等有益细菌的生化作用分解去除有机污染物和氨氮、亚硝酸氮等有害物质对金鱼的危害，为饲养的观赏鱼配置一套水质净化系统已被越来越多的家庭所采用。

是否掌握了换水方法？既然通过换水的方法可以增加溶氧并降低污染物浓度，那我们就勤快一点儿，多给金鱼换换水吧，金鱼在清水中活得滋润，不也更便于观赏？但是事情并非如此简单，换水方法不当也会引发金鱼生病，这与气候变化容易引起人们伤风感冒是同一个道理。金鱼自古被娇生惯养于盆缸等人工环境中，对环境变化的适应能力较差。换水之后，一方面水体中的有益微生物也被清除，金鱼的分泌物和排泄物分解出的氨氮、亚硝酸氮等不能及时降解，生态平衡有待重建；另一方面金鱼的生理机能处在调整适应阶段，若饲养管理不当，如温差、饱食、缺氧等，都极有可能引起金鱼患病。所以掌握换水的时机、换水的方法以及换水后的饲养管理方法都有一定讲究。看似简单的换水问题，其中不也包含着一定的学问和经验？

科学就是变复杂为简单，变不可控为可控。既然换水的方法需要琢磨和经验积累，难免还会有一时的疏忽大意而危及鱼的生命。那么，配置一套融入水处理科学技术的水质过滤循环系统,包括频繁换水的麻烦,换水给鱼带来的健康风险等难题都可以迎刃而解。

是否珍惜善待了金鱼弱小的生命? 与热带鱼比较,金鱼可以规模化大量生产,物丰自然价廉,所以金鱼在市场中往往处于价格的低端,但就观赏性、文化性和艺术性而言,金鱼毫不逊色而且更胜一筹。正因为金鱼身价卑微,人们对它的珍惜爱护远不如热带鱼。身价不菲的热带鱼不仅居住宽敞,增氧设备、水处理循环设备、灯光照明设备和温度调控设备可谓是一应俱全,吃喝更有活鱼活虾或者用牛肝、维生素等精心配制的高档饵料。而地摊上出售的金鱼往往是被人们饲养在足球般大小的金鱼缸内,甚至连最不可缺少的增氧设备人们都懒得配置。如果我们让金鱼也与热带鱼享受公平同等的待遇,住上宽敞明亮、有增氧设备和水处理循环设备的水体空间,想必过上"小康"生活的金鱼也一定会活得健康并且长寿,带给人们更多的美丽与快乐。

名品欣赏·皇冠珍珠金鱼

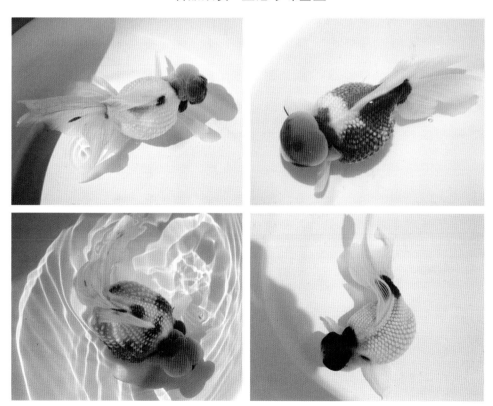

饲养容器的选择和摆放位置

在观赏鱼类中,金鱼体形大小适中,对温度也没有特殊的要求,所以室内室外均可饲养,饲养容器可以根据家庭条件和各人所好随意选择,水池、砂缸,以及大大小小形状各异的玻璃缸、瓷盆、塑料水槽等都可以用于饲养金鱼。

如果是在庭院的一角建一方金鱼池,面积形状可以根据各人所好随意设计,深度有半米左右也就可以了,如果再附加一个水质过滤净化系统,省却了许多管理上的麻烦,清澈见底的水质也更加赏心悦目。

南方饲养金鱼用的砂缸以及北方饲养金鱼用的木海都是传统的饲养器具,空间宽大,缸壁粗糙透气,适宜金鱼居住,目前已经少见,只有在专业玩家那儿可以寻觅到这些"古董"。

名品欣赏·蝴蝶尾金鱼

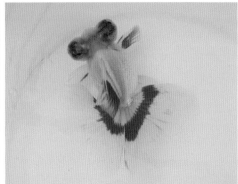

体积较小的瓷缸、玻璃缸虽然也是传统的饲养器具,而且摆放随意,但是因为不便于安装饲养金鱼的维生设备,还不时地需要换水,所以只可用于节庆期间临时摆设于厅堂点缀气氛或置于书房中"清供"之用;若欲长久养好金鱼,最好选用较大的饲养容器如水族箱、陶瓷缸等。要掌握的原则是容器小只能少养、养小鱼;容器大可以多养一些,例如1米的水族箱,饲养10~12厘米的金鱼10尾左右足矣。

蝴蝶尾、虎头、望天、珍珠鳞、水泡等很多金鱼品种更适宜从上往下俯视观赏,近几年有公司专门为此开发出了带有水循环过滤装置的陶瓷鱼盆,用于家庭饲养观赏金鱼。陶瓷鱼盆古典清雅,光洁白亮的瓷壁更能衬托出金鱼美丽的色彩和身姿,更重要的是此类产品用生态的方法解决了水质环境的自动维护。

水族箱作为现代家庭的一种实用装饰,随着经济条件的改善,已逐渐普及。水族箱豪华气派,可以一览无余地观赏水族景观,可以方便隐蔽地配置饲养金鱼的维生设备,增加饲养的保险系数,省却了许多管理上的麻烦。如果您决定将饲养金鱼作为一

名品欣赏·蝴蝶尾金鱼

清纯娇美·蝴蝶尾金鱼

种爱好,我们也建议将水族箱作为饲养容器的优先考虑之一。

市面上水族箱大小、形状、风格各异,给人们很大的选择空间,在经济和空间条件允许的情况下,建议购置较大的水族箱,道理很简单:既有更宽敞的视觉效果,鱼也生活的更为舒适。水体越大,生态环境也就越稳定,越有利于鱼的长期饲养。

水族箱的摆放位置当然得服从家庭装潢布局的需要,但是如果能够兼顾到饲养金鱼需要阳光这一点则更好,建议水族箱最好能够放置在靠近光线较好的窗户、阳台等位置,虽然照射阳光后容易滋生一些绿藻,但是能够欣赏金鱼更加健康地生活,欣赏金鱼更加鲜艳的色彩,欣赏箱内更为自然和谐的生态环境,增加些许打理水族箱的劳动还是值得的。如果水族箱是放置在室内光线较差的地方,也可以用灯光弥补一些不足,但是需要多耗费一些能源。饲养金鱼的维生设备在运转时会产生一些噪音,所以水族箱不宜放置在卧室、书房等处。

阳光对于水族箱微生态的健康运转至关重要,阳光的另一个重要作用是与维生素 D 的合成有关,动物体内缺乏维生素 D 就会患上佝偻病,维生素 D 的合成需要照射阳光,金鱼也不例外,所以我们建议饲养金鱼的水族箱能够靠近窗户或者阳台更好。

水族箱的配置

饲养热带鱼需要增氧设备、过滤设备、加温设备、水质酸碱度和硬度的调节设备,相比之下,饲养金鱼相对简单,一般仅需要配置增氧和过滤设备即可。

增氧系统 增氧系统给水体充氧,供各类生物耗氧之需。设备由增氧泵、软管和气泡石组成。家庭用小型增氧泵一般是电磁振动式空气泵,利用磁片带动两只橡皮碗

绚丽多姿·蝴蝶尾金鱼

片不停地开合振动,压缩空气产生气流并通过软管输往水中,空气中氧气含量约占五分之一,溶解于水后供鱼呼吸。气泡石多为细沙材质压制而成,具有多孔透气的特点,作用是将泵入的空气分散逸出,增加空气与水体的接触界面,使氧气更有效地溶解在水中。充气时又可形成水流将富含氧气的水输往水族箱的各个角落。气泡石有各种形状,如果选用条状的气泡石,泵入的空气形成晶莹剔透的串串气泡缓缓上升,并形成一道帘幕,既增氧,又成为动人的景观,可谓是一举两得。

　　增氧系统是养鱼的必备设备之一,除了给鱼供氧,通过增氧曝气使水体中的有机污染物氧化分解,改善水质。1 米的水族箱通常配备功率 8 瓦左右的增氧泵即可。

　　过滤系统　　水质过滤净化循环装置由微型水泵、过滤槽或过滤桶等组成,用以收集污染物,分解去除有害物质,达到流水不腐,澄清水体,健康饲养之效果。使用水质循环净化装置,省却了频繁换水的麻烦,特别是水质难以控制把握,金鱼容易罹患疾病的烦恼。金鱼在洁净而又稳定的水体环境中食欲旺盛,体质健康,饲养、观赏效果俱佳。随着经济和生活水平的提高,我们完全可以应用科学理论和装备,改进饲养方法,提高保障水平,享受饲养金鱼带来的成功和喜悦。

　　水质循环过滤装置的作用除了过滤水体中的固体杂质,达到澄清水质的目的,更重要的作用是作为一个生化反应器,用于清除水体中的有毒物质,为鱼创造一个安全的生活环境。如果了解一下水质循环过滤装置的工作原理,也许我们就不难理解为什么给鱼缸换水还包含着那么许多科学的讲究。

　　我们在"金鱼为什么爱生病"一节中曾经多次提到对鱼虾造成毒害的氨和亚硝酸氮,这类物质是如何形成的? 怎样才能有效去除从而保护鱼虾的安全?

　　首先让我们了解一下自然界中氮的循环。氮在自然界中的循环转化过程是生物圈内基本的物质循环之一，大气中含量高达78%的氮气(N_2)无毒无害，氮气通过雷雨以及微生物的固氮作用进入到地面土壤和水体，植物通过光合作用将土壤、水体中的无机氮转化为有机氮，这是从无机氮到有机氮的合成过程，植物被动物消化吸收后植物蛋白又转化成为动物蛋白。有机氮是动植物机体的重要组成，普遍存在于氨基酸、蛋白质、核酸等生物质中。再看一下有机氮的分解过程，将动植物蛋白中的有机氮分解成为氨(NH_3)或铵(NH_4^+)，这一过程称氨化作用，由自然界中的腐生菌完成。氨或铵在硝化细菌的作用下又被氧化成为硝酸盐，这一过程称硝化作用。如果是在缺氧环境下，硝酸盐再经反硝化细菌的作用，最终成为氮气重新进入到大气层，以上就是自然界中的所谓"氮循环"。

　　人们对氮循环中产生的氨和亚硝酸盐(NO_2^-)并不陌生，氨是具有刺激性气味的有毒气体，易溶于水并对动物产生毒害，亚硝酸盐存在于霉变腐败的食物中，与胺结合形成的亚硝胺是一种强致癌物质而备受人们关注。水族箱中鱼的代谢产物以及各类死亡的微生物也都含有蛋白质，蛋白质在腐败分解过程中产生的氨和亚硝酸氮等同样对鱼虾等水生动物有很强的毒性，因此必须设法去除。去除水体中氨和亚硝酸氮既安全简便又长久有效的方法就是利用硝化细菌的生化作用对它们进行降解和去除。

　　硝化细菌是硝酸菌（硝化细菌）和亚硝酸菌（亚硝化细菌）的统称，它们的作用是通过生化反应将蛋白质降解过程中产生的氨和亚硝酸盐转化成为无毒的硝酸盐。反应分为两个过程：首先由亚硝酸菌将氨转化为亚硝酸盐，亚硝酸盐在有硝化细菌存在的情况下，被转化成硝酸盐(NO_3^-)，从而完成氨的硝化过程。

　　硝化细菌为好氧型微生物，生成的菌斑粘滑并呈黄色，它们需要在有氧环境中（溶氧大于每升2毫克）生长并完成硝化过程，如果水中的溶氧低于每升0.5毫克则硝

蛱蝶戏清漪　翩翩粉翅开

化作用停止，因此溶解氧的高低会直接影响硝化作用的效果。硝化过程是在好氧条件下分两步进行的生化反应：

$$2NH_3 + 3O_2 \rightarrow 2NO_2^- + 2H_2O + 2H^+$$

$$2NH_4^+ + 3O_2 \rightarrow 2NO_2^- + 2H_2O + 4H^+$$

$$2NO_2^- + O_2 \rightarrow 2NO_3^-$$

硝化作用生成的硝酸盐以及氨化作用产生的铵（NH_4^+）都很容易被包括各种藻类等植物重新吸收，并再次合成植物蛋白中的有机氮，从而完成氮源的小循环过程。

反硝化作用也是氮循环中的重要一环，由一组反硝化细菌完成。反硝化细菌在缺氧环境中可以将硝酸盐和亚硝酸盐转化成为无害的氮气逸出，从而完成了氮的大循环过程。反硝化作用的生化反应过程如下：

$$2NO_3^- + 10H^+ \rightarrow N_2 + 4H_2O + 2OH^-$$

$$2NO_2^- + 6H^+ \rightarrow N_2 + 2H_2O + 2OH^-$$

反硝化作用是在缺氧条件下进行，所以一般发生在过滤器的末端。如果反硝化作用缺乏必要的条件不能进行，硝化作用产生的硝酸盐就需要通过藻类吸收或者用换水的方法去除。

硝化细菌和反硝化细菌既然能够成为我们管理水质的得力帮手，也就需要我们为它们的生长繁殖创造有利环境。

硝化细菌除了具有好氧的生物习性，在水温 20~30℃时繁殖最快，清除亚硝酸盐的效率也最高，这与金鱼的生理代谢曲线同步。硝化细菌附着在固体的表面能够更好地生长，而置放在水质循环净化设备中通透多孔的滤材，因为有很大的表层面积，成为硝化细菌和反硝化细菌附着并大量生长繁殖的基质。滤材的表面积越大，在温度、溶

帝子不沉湘　　婷婷绝世妆

名品欣赏·蝴蝶尾金鱼

氧和细菌作用的对象都得到满足的情况下，细菌生成的数量也就越多，净化水质的效果当然也就越好。随着细菌的生长，在滤材小孔的表面形成了无数的生物菌斑（膜），当水流经过时，水体中的有毒物质在众多细菌的作用下得到迅速分解。在细菌附着的表面积足够大的情况下，生物代谢产生的氮化合物与细菌的生长之间达成平衡，水质就可以长期保持一种清洁稳定的状态。

所以，水质循环净化装置就是培养硝化细菌生长繁衍并完成生化作用的生化反应器。它的工作过程是：从鱼缸泵出的水首先通过过滤棉的机械过滤截留固体污染物，以减轻下一步的生化负荷并避免循环系统的频繁堵塞。机械过滤后的水流经过滤仓中的生化床，通过附生在生化床中的硝化细菌等微生物分解去除对鱼有毒害的氨和亚硝酸盐后，流回到水族箱中。如此循环往复，在无须换水的情况下，水质能够在相当一段时期内保持清澈透明，金鱼也能够在清洁安全舒适的环境中健康地生活生长。

在没有水质处理装置的情况下，硝化细菌缺乏大量繁殖的有利条件，还会由于频繁换水造成流失，积累的氨和亚硝酸盐对鱼虾的健康形成威胁。所以给鱼缸换水时我们需要考虑水质污染与净水细菌流失之间的平衡得失。

水质循环过滤系统分内置式和外置式。内置式循环过滤器因为体积受到限制，置放其中的滤材也就不能很多,过滤净化的效果稍差,但是简单安全,不会发生水外溢的情况。外置式循环过滤器通常安置在水族箱的上部或者底柜中,前者又称上过滤,后者称下过滤。下过滤安置在底柜中既隐蔽,也可以通过多层过滤,提高过滤净化的效果,较大型的水族箱需要配置。

蝴蝶尾金鱼

水质循环净化设备市面有售,也可以根据需要自己制作。主要材料包括:水泵、输水管、过滤棉、人造海绵、各类滤材(水族商店有陶瓷环、生化球、火山石等,用旧渔网效果也很好)、高弹性纤维以及放置滤材的容器。水泵用于完成水流的运动,1米的水族箱可配备功率7瓦的水泵。过滤仓的尺寸根据鱼缸的大小和鱼的数量配置,内置的各种滤材有:

过滤棉:安置于过滤系统的最前端,主要作用是物理过滤,拦截水体中的固体污染物并减轻生化反应的负荷。过滤棉清洗方便,不易损坏,是理想的物理过滤材料之一。

人造海绵:具有多孔通透的特点,既为微生物提供了大量的生长繁殖空间,也是优质的物理过滤材料。随着使用时间的延长,人造海绵收缩硬化,可以定期更换。

陶瓷环:利用发泡工艺,在烧制过程中形成了许多小空隙,增加了表面积,是硝化细菌较好的栖息场所。其他各种具有微孔的滤材如生化球、玻璃环甚至旧渔网、煤渣等均可选用,目的只有一个——为细菌营造更多的居住空间,谁的表面积越大,谁的过滤效果当然就越好。

189

蝴蝶尾金鱼

活性炭:是最好的过滤介质之一,具有强大的吸附能力。但是因为需要定期更换而且成本较高,最经济的使用方法是放在滤槽的最末端,用于去除水的颜色以及残存的化学物质。

　　此外,麦饭石、沸石等表面粗糙多孔的沙石类也是很好的过滤材料。

　　内置过滤器由微型水泵和过滤仓组成,水泵安装在过滤仓的上部,水流方向是从下往上经过滤后返回箱内。过滤仓体积很小,一般以一块蜂窝泡沫作为过滤材料,它担负着双重功能:一是物理过滤功能,将固体颗粒从水中分离出来;二是生化反应器功能,作为微生物聚集繁衍的场所,完成硝化脱毒等生化功能。

　　外置过滤器体积较大,可以置放多种滤材进行多重过滤,以增强过滤效果。外置过滤器也是由微型水泵和过滤仓组成,过滤仓可以分割成 3~4 个功能区,完成不同的净化功能。水流首先经过机械过滤介质(过滤棉等),滤除固体废物后进入生物过滤介质(人造海绵、陶瓷环等),完成氨、亚硝酸盐以及硝酸盐的去除,再经过高弹棉滤除水中的细微颗粒,最后通过活性炭滤仓进行脱色除味等。较粗的滤材应放置在过滤仓前端,细小的滤材放在过滤仓的后部,这样可以减少滤料的堵塞,并提高过滤器的工作效率。

　　制作过滤器应考虑水流与滤材充分接触,尽量不留死角。外置过滤器应确保输水管道和过滤仓中的水流不外溢,以免造成麻烦。

　　照明系统　水族箱中安装照明系统能够让我们在光线较差的时候或者是夜晚,也能够享受美轮美奂的视觉愉悦,并弥补因阳光照射不足给金鱼健康带来的影响。

　　我们透过三棱镜可以发现阳光中的可见光是由红橙黄绿青蓝紫等不同波长的光所组成,红光作为暖色调最能够映衬金鱼美丽的色彩,人的眼睛对黄色的光最敏感,也感到最舒适,并且不容易产生视觉疲劳,水生植物包括浮游植物主要是利用可见光中的红光和蓝光进行光合作用。

蝴蝶尾金鱼

蝴蝶尾金鱼

水族店里有多种专门为水族箱设计制造的照明设备，所以如果选择具有红黄蓝三基色的日光灯能够取得更好的照明效果。日光灯还具有能效高的优点，水族箱中一般使用两根 25~30 瓦的日光灯管组成光源，以一根粉红色、一根白色的效果比较好，这样的组合不仅光线明亮，而且柔和、自然，并且映衬出金鱼的美丽。为了得到更好的照明效果，在灯管的上方安装有反光作用的灯罩也是必要的，这样可以使灯管发出的光线集中于水面方向。

191

营造景观　灯光和水族布景饰物可以更好地烘托金鱼之美，达到动静互补，相得益彰的景观艺术效果。

与小型热带鱼相比，金鱼体型相对较大一些，所以水族箱内置景不宜过多，略作点缀即可。置景的材料有粗砂卵石、各类石材、珊瑚贝壳、水草以及各种可以用于水族箱内的工艺摆件等。粗沙或鹅卵石铺在缸底可以起到稳定造景物件的作用，置景材料粗糙的表面，还是硝化细菌等附生的场所；有些天然水草是金鱼喜爱的食物并且在水族箱内也不容易长好，所以用塑料制品替代也是一种选择。布置水族箱中的景观也是一个艺术创作的过程，各人可以根据自己的喜好将水族箱布置成为诸如海底世界、乡村野趣、小桥流水……

如果需要比较精确的掌握水质变化，还可以配备水温表、PH 计等，这在热带鱼水族缸中都是必需之物。

饲养金鱼的操作工具有手抄网、吸污用的橡皮管等。防病治病只要简单地配备一些高锰酸钾、抗生素、二氧化氯、硫酸铜、敌百虫等药物即可。

如何挑选金鱼

市面上金鱼品种繁多,色彩各异,琳琅满目,令人眼花缭乱,人们尽可以根据各自的喜好和合适的价位,来选择合意的金鱼。对于饲养金鱼的新手来说,选购金鱼又有哪些需要提醒的呢?

名品欣赏·蝴蝶尾金鱼

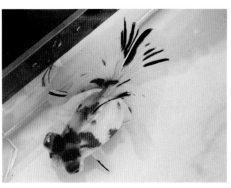

挑选体态丰满,健康无伤的金鱼。 金鱼因其雍容华贵而成为人们喜爱的主要原因之一,形体丰满的金鱼更显其容光焕发、华丽健美,而体态瘦弱的金鱼不仅观赏性差,还往往处于亚健康或不健康的状态,甚至患有烂鳃等疾病。金鱼在运输操作过程中,或者长时间困养在密集环境中,出现表皮擦伤、鳞片脱落、鳍条破损等现象,不仅影响观赏,更是病害之隐患。所以选购金鱼应挑选体态丰满,健康无伤的金鱼。

如果缺乏饲养经验,挑选 2~3 龄的金鱼饲养更为稳妥。一龄金鱼(新鱼)比较娇嫩,尤其是 12~15 厘米以上的大规格新鱼,尽管品种特征发育良好,体色鲜嫩,但是很难在短期内适应新的饲养环境,春天温度上升后很容易生病死亡。二龄和三龄的金鱼体质相对较好,对环境适应力强,抗病力强,色泽和品质都更好,所以最好选购 2~3 龄的金鱼饲养。

不同的季节,饲养金鱼的难度有所不同。冬季和夏季金鱼的病害相对较少,购回的金鱼可以有较长时间恢复体质并适应新的养殖环境。春秋季节则是鱼病高发期,选购金鱼更需慎重,切勿忽视对鱼病的防治处理。

规格大小一致,色彩合理搭配。金鱼的大小基本一致,才有整齐谐调的视觉效果。如果大小悬殊,则给人以凌乱、不谐调的感受。金鱼以红色为多,红色给人以温馨喜庆之感,往往会成为人们的首选。红白等双色金鱼色彩分明,鲜艳靓丽,当然也备受人们喜爱。黑色和

波光锦鳞·蝴蝶尾金鱼

紫色会给人以庄重沉稳的视觉效果。红黑白、红黑紫等三色金鱼和五彩金鱼色彩丰富而显得活泼生动。各类金鱼色彩多样,我们可以将不同色彩的金鱼进行组合搭配,增加美的视觉效果。例如一缸金鱼可以以红色为主色调,通过搭配少量白色金鱼或黑色金鱼或五彩金鱼,使一缸金鱼的色彩更加显得丰富生动、和谐有趣。

一缸金鱼无论数量多少,在品种、色彩的搭配上最好是成双成对,这样可以增加对称和谐的审美效果。

挑选品种纯正、姿色优美的金鱼。人们玩赏花鸟鱼虫以及猫狗等宠物都爱讲究品种是否纯正,并成为人们审美宠物的一个普遍标准,金鱼也不例外。在数量能够满足消费需求的时代,品种纯正的金鱼才更显其珍贵。金鱼根据头形、眼、鼻、身、尾以及色彩的变异可分为数百个品种,形态特征愈趋于完美,品种也就被人们视为愈纯正。金鱼各品种的形态特征已在第六章中有详细介绍,这里不再赘述。需要提醒

的是,人们往往将品种特征发育的程度作为衡量金鱼种气是否纯正的标准,而有些金鱼因为营养过于集中而导致品种特征过分发育,例如过度发育的绒球、过度发育的头冠、过于膨大的水泡等,这些过度发育的品种特征非但不美,反倒成了一种病态畸形,成为生理上的负担和累赘,正所谓过犹不及。所以金鱼品种特征的发育也要适度而无需过

五彩蝴蝶尾金鱼

度追求,金鱼的品种特征应与整体形态协调匀称,而且不影响正常游姿,方能给人以美的感受。

先易后难,循序渐进。就饲养难度来说,有些品种比较粗放,有些品种就比较娇贵,例如琉金、兰寿、龙睛、绒球等品种相对容易饲养,而水泡、珍珠等品种饲养难度相对大一点,所以对于没有饲养经验的人来说,不仿从容易饲养的品种入手。

金鱼入缸前的准备工作

瑶池春色深　水中现洛神

水质处理　家庭养鱼多用自来水或井水,自来水经过消毒以后,基本不含微生物。金鱼入缸前应将水静置几天,消解氯气,也让净化水质的细菌有一段复苏的时间。初始阶段净化水质的微生物虽然很少,但是金鱼入箱之后,它们也能够或多或少地分解去除一些金鱼的代谢产物,减轻一点水质污染,提高一点安全系数。随着金鱼代谢产物的增加,在水温适宜的情况下,微生物会不断增殖,逐步发挥净化水质的作用,为金鱼提供一个相对清洁安全的舒适环境。

鱼体消毒　从市场买回的金鱼,由于长时间密集困养,往往是处于不健康或亚健康状态,必须经过防病处理后再进入水族箱饲养。具体做法是将金鱼先放入清洁的水中暂养,让金鱼恢复数小时,然后向水中撒一些食盐,盐度掌握在 1%~3%,浸泡半小时

清丽雅艳·蝴蝶尾金鱼

左右；或用高锰酸钾溶液浸泡鱼体，浓度为每 1 公斤水中加入高锰酸钾 10~20 毫克，也可用另一容器将高锰酸钾溶解后，徐徐掺入暂养金鱼的盆缸之中。在不方便称量的情况下，可以参考我们平时做皮肤消毒时的使用浓度，也可以根据水的颜色来判断：水体稍呈紫红色，并能见到

火眼蝴蝶尾金鱼

盆底为度。金鱼浸泡 20 分钟左右，一般以尾鳍边缘现有轻微的棕色为度。消毒浸泡的时间也要根据药物的浓度、水温的高低和金鱼的耐受程度灵活掌握，适当延长浸泡时间，杀虫灭菌的效果当然更好，但前提是要确保金鱼的安全。需要注意的是：暂养和浸泡消毒都需要用增氧泵充气增氧以确保安全。

避免"开缸综合症"　金鱼入缸后需要度过一个危机四伏的适应阶段，因为这段时间内水体中的有毒污染物往往不能被及时清除，对鱼虾的健康会产生非常不利的影响，被称为"开缸综合症"。

为什么会发生"开缸综合症"？金鱼因为自身的生理代谢不时有排泄物和分泌物排入到水中，并逐步形成污染的积累。但是在金鱼入缸的初始阶段，分解污染物的微生物种群尚未建立或者数量尚不足以有效清除氨和亚硝酸盐，故水质很容易浑浊并发出腥臭的气味。在微生物生态种群建立过程中，异养型的腐生菌繁殖速度远远高于自养型的硝化细菌，硝化细菌中硝酸菌的繁殖速度又比亚硝酸菌慢得多，所以在硝化细菌繁殖了足够多的数量并与产生的亚硝酸盐达成平衡之前，氨化作用和亚硝化反应产生的氨和亚硝酸盐浓度不断升高，从而对鱼虾产生毒害。

霞裙雾带空中起　何来嫣然一仙子

195

身披五云衣　自言南极星

了解了"开缸综合症"的前因后果，我们在金鱼入缸后的适应阶段，首先不可急于投饲饵料，减少代谢产物和饵料对水体的污染；其次增氧、循环系统应连续运转，加快污染物的氧化分解和硝化细菌繁殖，如果在金鱼入缸的同时接入菌种，可以加快细菌的培养过程，缩短净化系统成熟的时间；再有就是适当换水，稀释污染物。还有一个简单的方法，开缸后放进1~2条草金鱼（其他野生鱼也可以），让它们吃喝拉撒，让循环系统运转约二十天左右，完整的生态菌落群就会建立，放入金鱼就会安全。

硝化细菌的生长和过滤净化系统的成熟是一个渐进的过程，水温 20℃时，过滤净化系统的成熟需要 3~4 周的时间，水温 30℃时，7~10 天即可成熟。

在没有仪器的情况下，我们也可以通过肉眼观察，大致判断出净水微生物种群建立和完善的过程。从金鱼入缸开始算起，2~3 天内水质明显由清变浊，并有腥臭的气味，此时腐生菌开始大量繁殖，并进行有机物的分解和蛋白质的氨化过程，水体中的氨（或铵离子）逐步达到高峰；随之以氨（或铵）为食物的亚硝酸菌开始繁殖，标志是水由浊变清，这一过程大约需要一周时间。水虽然在逐渐变清，但是因为硝化细菌繁殖的代距较长，因此亚硝酸菌产生的亚硝酸盐却在悄悄地积累，它的毒性虽然略低，但仍然是致命的，在系统成熟之前，每周换去约四分之一的水，可以降低亚硝酸盐的危害。随着亚硝酸盐的产生和积累，硝酸菌也开始繁衍增殖，一般第 3 周开始，亚硝酸盐才开始下降，硝酸盐含量累积上升。大约 1 个月左右，即可见到水质清澈透亮，鱼鳍舒展，游

金鱼文化艺术欣赏

JIN YU WEN HUA YI SHU XIN SHANG

森森水仙府　开出姊妹花

泳活泼,反应敏捷,食欲旺盛,表明净化系统已经趋于成熟。

当水族箱内净水细菌增殖的数量已经达到足以迅速处理有害物质时,说明水族箱内的生态环境处于健康平衡的状态,我们可以安心地给金鱼喂食,并欣赏它们在优良健康地环境中为我们展现出的勃勃生机。

青霞素衣妃女唇·蝴蝶尾金鱼

饲养管理

增氧　氧气对于金鱼是须臾不可或缺的最为重要的生理需求。夜晚凌晨、阴雨闷热或者遇有水质恶化等情况,金鱼往往浮于水面仰头呼吸,这就是水体缺氧的表现,如果不及时采取机械增氧、添换新水、或将金鱼移至溶氧较高的新水之中等急救措施,就必然会影响金鱼健康甚至死亡。敞开式的鱼缸,尚可利用水与空气接触的界面溶解少量氧气供鱼呼吸,密闭的水族箱就必须依靠机械增氧了,所以我们反复提醒增氧设备同样也是家庭饲养金鱼最基本、最重要的配备之一。市售的增氧泵通过气泡石的分散作用将空气中的氧气溶解在水中,耗电不多,增氧效果很好。增氧泵可以全天开启,如果考虑节约用电,白天可以利用藻类的光合作用为金鱼供氧,但是夜晚和气压较低的阴雨天气或金鱼浮头时需要及时增氧。冬季因为金鱼耗氧量低,增氧泵也可以停开。

配有循环设备的水族箱,虽然由于水体流动会增加水中的溶氧,但是如果仍然不足以供金鱼呼吸之需,也还必须配置增氧设备。

197

蝴蝶尾金鱼

虎头金鱼

那么,在没有配置循环和增氧设备的情况下,又应该如何解决金鱼的氧气之需呢? 我们在本章中已经提到可以通过换水增氧和利用生物增氧,但是因为不可预见的情况和不可控制的因素较多,这就增加了饲养管理上的麻烦和技术上的难度。但是利用生物增氧也有它的长处:节约能源并利用藻类除氮,藻类又是金鱼的补充饵料,并且使金鱼的体色更加鲜艳。利用生物增氧就需要给予有利于光合作用的条件,并且控制好在"光呼吸"条件不具备的情况下(例如阴雨天气、夜晚等),藻类的"暗呼吸"与金鱼之间争夺氧气的矛盾。

水质管理 维护良好水质是成功饲养金鱼的第一要素。水是金鱼赖以生存的生态环境,水、鱼和一些微生物共同组成了相对比较简单的生态系统,"养鱼先养水"的道理就是维护好水体的生态平衡,鱼才能健康地生活生长。曝气增氧、循环过滤、换水清污都是维护水体生态平衡的必要手段。

通过换水清污能够排除、稀释部分有机污染物和氨氮、亚硝态氮等有害物质,调节PH值,增加溶氧,维持并促使生态系统向好的方向转变。但是换水的同时也会造成净水微生物的流失,所以换水不当,也极有可能造成水体生态系统的破坏,加剧有毒物质的积累,从而导致金鱼罹患病害。换水方法春夏秋冬四季皆有不同,要视水温和水质污染情况采取不同的方法,要点是掌握水体污染物与净水微生物之间的平衡得失关系,金鱼和生物菌群对水质的变化都比较敏感,因此换水不宜大排大灌,一般1/5~1/3,最多不要超过2/3,尽量不要破坏饲养水体的生态平衡。当水体环境面临严重污染甚至败坏时,就必须彻底换水并重建生态系统。

虎头金鱼

饲喂　经常有人询问,为什么金鱼"不喂食不死,喂了饲料反而容易死亡?"实际这是一种误解。在不投喂饲料的情况下,金鱼的代谢水平较低,有限的排泄物可以通过水体的自净能力分解消化,在水温不高的情况下,能够维持一段时间的生态平衡;投喂饲料以后,金鱼的排泄物增加,水质污染不断加剧,如果不采取措施向水中增加氧

虎头金鱼

气,溶解氧水平会逐步下降,最终导致金鱼生存环境恶劣而生病死亡。

因此在金鱼初入缸时,一缸清水之中净化水质的微生物群落尚未建立,水质很容易败坏,切切不可急于饲喂。待鱼适应环境、水体初步建立起有一定自净能力的生态系统后,才可以逐步增加投喂。投喂饵料应逐步培养金鱼形成条件反射(例如用手指敲击缸壁等),如此每当金鱼感知动静就会聚拢向人讨食,增加了养鱼人的乐趣,同时也可以根据金鱼对信号的反应来判断它们的食欲和健康程度。例如在水温正常的情况下,金鱼对信号的反应迟缓和食欲不振,就要考虑是水质有问题还是鱼生病?正确判断后查明原因及时检查处理解决。

金鱼的健康和品种特征发育的好坏取决于水体环境和饵料质量。干净的红虫、水丝蚓等都是喂养金鱼的上好饲料,市售的颗粒饲料、鱼虫干也可以替代,米饭、饼干等对鱼的健康和水质不利。喂鱼最好每天定时定量,一日一餐或两餐,宁少勿多,保持一定的饥饿感和条件反射的兴奋感反而有利于金鱼健康。需要提醒的是,天气闷热、阴雨天可以不喂,傍晚或夜晚更不可饲喂。饲喂金鱼当然要根据季节和水温掌握,水温高,金鱼代谢旺盛,饵料适当多喂,冬季水温低则无需多喂。家庭饲养金鱼主要是为了观赏,所以也没有必

虎头金鱼

海色生春醉屬红·蝴蝶尾金鱼

要过多投饵去追求金鱼的生长和过度的肥满，保持金鱼健康的体态才是最重要的。

金鱼消化饲料依靠消化酶和肠道内生物菌群的帮助，食物转换时，需要有一个消化酶调整转换和肠道生物菌群调整重建的过程，因此饲料种类不可频繁更换，更换饲料也应该由少到多，谨慎而为。如果金鱼长期停食后恢复饲喂，也应该由少到多逐日增加。

还有，金鱼停食数日也无妨大碍，只要不是经常挨饿。金鱼体内脂肪积累较多，所以即使短期出差在外，也不必担心金鱼会饿死，当然一定会消瘦。缺乏饲料时金鱼也会主动调整体内代谢，并减少活动以降低体能消耗。

循环净化系统的维护　饲养金鱼因为科学技术的应用而变得相对简单，有了循环过滤装置，可以省却管理水质的麻烦，在过滤系统成熟运行之后，我们也无须过多地担心金鱼的健康问题。

除了过滤棉上的污物需要及时清洗，也需要定期给金鱼换换水，这是因为过滤仓内有时并不具备反硝化作用的条件，硝化作用产生的硝酸盐如果没有水生植物消耗，会逐日积累并使水质趋向酸性，对鱼的健康不利。每1~2周换去四分之一的水，就可以有效降低硝酸盐的含量。适当添换一些新鲜水也更有利于金鱼增加食欲，促进金鱼健康生长。

随着时间的推移，过滤仓内的细菌生物膜也会历经生长、老化、脱落和更新的演变过程，老化脱落的生物膜会堵塞水流，影响过滤净化效果，所以也有必要定期清洗过滤器。清洗时只要汰去碎屑，并注意保留一部分微生物细菌，以便生化系统在短期内尽快得到恢复。

凌波仙子居龙宫·蝴蝶尾金鱼

在饲养过程中,水族缸缸壁会附着青苔、藻类和细菌等微生物,影响观赏效果,可以用清洁球擦拭去除。因为这些微生物有净化水质的功能,也是金鱼喜爱的食物,所以在不影响视觉的缸底以及后壁等处可以任其生长。

在没有循环净化过滤系统的情况下,金鱼的饲养管理方法在许多有关金鱼的著作中均有介绍,本书不再赘述。

蝴蝶尾金鱼

预防疾病

金鱼是高度近亲繁殖的物种,对环境变化的适应能力较差,对各种病害的抵抗力也相对较弱,水质管理不好,饲养方法不当,金鱼遭受病害侵袭的机会就多,特别是春秋鱼病的高发季节。但是在良好的水族箱饲养环境中金鱼可以很少甚至不患病,金鱼患病十有八九是因为饵料投喂不当或水质污染所致。金鱼感染了病害,首先要停食或减少投喂,减轻水体污染,降低代谢负担;其次是判断病害发生的原因:如水质是否浑浊腥臭,或长时间缺氧?金鱼是否长期营养不良,体质瘦弱?饲料是否变质或投喂不当?查明原因及时处理。

蝴蝶尾金鱼

养好金鱼不让鱼生病,最好的方法就是注重维持水体生态系统的健康稳定和定期药物预防。

1. 管理好水质,保持良好稳定的生态环境。利用净化水质设备,使金鱼的排泄物能够被细菌分解,再作为细菌和藻类的养分被吸收,细菌和藻类又可以作为补充饵料被金鱼利用。

玉衣娟娟罗袖红　似此花身不易修

2. 掌握科学的喂饵方法,定时定量,宁少勿多。

3. 春秋季节鱼病多发,必须定期(至少每周1次)药物预防,例如用食盐或高锰酸钾溶液浸泡鱼体,用二氧化氯溶液泼洒预防细菌性疾病,用硫酸铜和敌百虫溶液泼洒预防蠕虫引起的鳃病等。平时应注意金鱼的活动情况,不健康的金鱼要及时发现并隔离检查,对症施用药物处理,其他金鱼也需要进行相应的防疫处理。

4. 新增加的鱼要经过一周以上时间的隔离防疫处理,确认没有病害之后才能并箱。

家庭饲养金鱼常见的病害包括细菌性烂鳃病和寄生虫(车轮虫、斜管虫、指环虫、三代虫)引起的烂鳃病。发生鱼病应及时停食,常用的治疗方法是用2%~3%食盐水浸洗20~30分钟,或用高锰酸钾溶液(浓度参照人用)浸洗20~30分钟;也可以用市售的专业鱼药进行防治。

病情严重的情况下,则需要彻底"清缸"并消毒。

家庭繁殖金鱼

品质优良的金鱼是艺术品,人们总是想方设法让它的美丽遗传给更多的后代,或者通过杂交改良种性甚至获得新奇别致更有观赏价值的品种,能够亲手培育出出类拔萃的艺术品,劳作之后的成就感也是

宫中素女　雪地红梅

蝴蝶尾金鱼

饲养金鱼的乐趣所在。金鱼的品种特征多数能够通过基因遗传给后代,但是也并非简简单单即可获得成功,需要相当的细致与耐心。当水温稳定在16℃以上,金鱼进入繁殖季节。

1. 雌雄金鱼的辨别。雌鱼体型较短,腹部肥满,特别是临近生殖季节,腹部更显膨大柔软,泄殖孔呈圆形;雄性金鱼体形较长,腹部相对狭窄且有腹棱,生殖季节胸鳍有白色粗糙的"追星",挤压腹部甚至会有乳白色精液流出。

2. 配种。选择品种特征优秀、体态丰满健康、性腺发育良好的金鱼作为繁育后代的亲本,雌雄亲本可以按 1∶1~2 的比例选配。当金鱼开始相互追逐,特别是 1 尾或数尾雄性金鱼紧追雌性金鱼时,即是最佳产卵时机。

3. 自然繁殖。在鱼缸内放入供金鱼产卵的鱼巢(金鱼藻等水草),金鱼一般是清晨或上午产卵,产卵结束后及时将鱼卵移往孵化鱼苗的容器中,置于阳光下"晒籽"。

4. 人工繁殖。家庭可以用人工繁殖的方法,操作得法可以减少金鱼繁殖时的体力消耗,并提高鱼卵的受精率。具体方法是:将待产的雌雄金鱼捞出备用,右手握住雌鱼,腹部朝上,用大拇指由上往下轻缓地挤压金鱼腹部,成熟鱼卵(黄绿色)会缓缓流出,在挤卵的同时,轻轻摇动鱼尾,使鱼卵均匀地散开,鱼卵吸水膨胀并粘附于鱼巢或者盆壁。挤完鱼卵后,立即用同样的方法采集雄鱼的精液,3~5 分钟后,鱼卵即完成受精。也可以一手握住雌鱼,一手握住雄鱼,同时挤卵和采集精子,迅速完成鱼卵的受精过程。人工授精完成以后,及时给受精卵换上新水,进入"晒籽"即孵化鱼苗的过程。

5. 种鱼护理。产卵后的金鱼体力消耗很大,甚至表皮有一定损伤,这个时期也正是鱼病的高发季节,饲养不当,种鱼很容易患病死亡。产后种鱼应稀放静养于绿水之中,停食或少喂,尤其注重及时调节水质,保持充足的溶氧和嫩绿色的

樱唇燕姿金缕衣　彩蝶翩翩翠影飞

203

蝴蝶尾金鱼

水质持续稳定。定期用杀虫药物(主要针对车轮虫、指环虫等)和杀菌药物预防疾病同样不可懈怠。

6. 鱼苗孵化。家庭孵化鱼苗的容器一般较小,为保持溶氧充足,需要向水中增氧。从受精卵到鱼苗出膜的时间随水温的升高而缩短,如水温20℃时,孵化过程需要大约一周时间,水温达到28℃时,3天鱼苗即破卵而出。刚孵出的鱼苗非常娇嫩,不可随便惊动,应待其自动游离鱼巢。鱼苗依靠自身的卵黄囊可以维持2~3天的生命,以后就需要有适口的开口饵料供给营养。

7. 鱼苗培育。鱼苗平游后就开始觅食,鱼苗的开口饵料以草履虫、变形虫或轮虫、枝角类的幼虫为首选。可以用浮游生物网在市郊的河沟捞取活虫投入鱼缸,养在水中,供鱼苗自由采食。未被鱼苗捕食的活虫既可净化水质,繁殖的幼虫又是鱼苗的适口饵料。如果浮游动物获取不便或数量不能满足鱼苗的摄食需要,煮熟的鸡蛋黄、奶粉也可以作为替代用品,但是替代饵料易污染水质,营养也不如浮游动物全面。

在饵料充足、水质良好、水体空间宽大的情况下,鱼苗生长迅速,10天左右可长至15毫米左右。鱼苗培育除了喂食,另一个重要的工作就是水质管理,除了给水体增氧,还要适时添换新水,保持水质稳定清新无异味。当鱼苗达到20毫米左右,尾鳍已开始分叉,此时应及时进行鱼苗筛选,剔除身形、尾形不达标准的鱼苗,也为留下的鱼苗腾出生长空间。

8. 幼鱼培育。鱼苗达到30毫米左右,进入幼鱼培育阶段。幼鱼阶段可以看到金鱼开始发育的品种特征和体色的转变等。培育过程主要还是围绕饲喂、水质管理和疾病预防等。

夏秋两季则进入成鱼培育阶段,不再赘述。

金鱼文化艺术欣赏

JIN YU WEN HUA YI SHU XIN SHANG

参考文献

本书写作过程中参考了有关文献，征引了其中一些材料，现将书目列出，并以此表示对原作者的敬意。

孟庆闻，缪学祖等　鱼类学　上海：上海科技出版社，1989 年

王武主编　鱼类增养殖学　北京：中国农业出版社，2000 年

王占海，王金山，姜仁　金鱼的饲养与观赏　上海：上海科技出版社，1993 年

王春元　中国金鱼　北京：金盾出版社，2000 年

王鸿媛等　中国金鱼图鉴　北京：文化艺术出版社，2000 年

许祺源，蔡仁逵　东方圣鱼——中国金鱼　北京：中国农业出版社，2003 年

刘景春　陈桢等著，王世襄辑　中国金鱼文化　北京：三联书店，2008 年

天山雪　金鱼　北京：化学工业出版社，2012 年

吉田信行著　王志君译　金鱼饲养大全　北京：中国轻工业出版社，2012 年

（清）李斗　扬州画舫录　北京：中华书局，1960 年

（明）刘侗　于奕正　帝京景物略　上海：上海古籍出版社，2001 年

（清）陈邦彦选编　历代题画诗　北京：北京古籍出版社，1996 年

王振世　扬州览胜录　南京：江苏古籍出版社，2002 年

王澄　扬州历史人物辞典　南京：江苏古籍出版社，2001 年

吴裕成　中国生肖文化　天津：天津人民出版社，2004 年

叶朗，朱良志　中国文化读本　北京：外语教学与研究出版社，2010 年

王旭晓　造化钟神秀——景观美　北京：北京师范大学出版社，2011 年

徐华铛　中国神龙艺术　天津：天津人民出版社，2005 年

李保华选注　扬州诗咏　苏州：苏州大学出版社,2001年

林凤书　扬州金鱼——玩在扬州　南京：江苏科技出版社,2014年

管士俊　虹桥曲水美人舟——玩在扬州　南京：江苏科技出版社,2014年

郭志泰　中国金鱼是怎样走向世界的　科学养鱼　1986年第6期

曹峰　戏说水泡　水族世界 2010年第6期

金
鱼
文
化
艺
术
欣
赏

后　记

　　金鱼被誉为中国的"国宝",扬州是金鱼的传统产区之一,本人亦有幸在新世纪的十余年中从事金鱼养殖生产技术推广工作。在近几年的工作中愈发感到,金鱼的确是先民留给后人的珍贵文化遗产,作为受到国家栽培多年的水产工作者对传承弘扬中国金鱼文化更有义不容辞的责任。

　　为此我曾经有过设想,在告别职业生涯之前完成两件工作:一是建设金鱼品种繁育基地并为今后的金鱼文化博览馆奠定基础,广集金鱼品种,展示金鱼精品,宣传金鱼文化,让更多的人了解金鱼,喜爱金鱼,共同感受中华传统文化的丰富多彩与博大精深。二是从专业和文化艺术的角度,编写书籍,宣传普及中国金鱼作为文化遗产的诸多重要价值。金鱼源于中国,传承历史悠久,各类品种丰富,文化底蕴深厚,每年生产的金鱼除满足国内消费需求,还大量出口世界各地,影响力不可谓不广。但是据说中国金鱼的地位却远不如日本金鱼(尤其是一度对号称"金鱼之王"的日本兰寿金鱼的大肆炒作),实在令人遗憾。其中固然有在品种培育方面缺少精耕细作的差距,亦有文化发掘与宣传方面的不足。为此曾殚精竭虑,广觅资料,也准备了相当长的时间,试图为传承弘扬金鱼文化添砖加瓦,为中国金鱼占领文化高地尽一己绵薄之力。

　　本书是在前人先学诸多研究成果的基础上完成的,如果对承前启后有所裨益,则是著者的莫大荣幸。"众人拾柴火焰高",在编撰过程中,还请益了好友许一鸣先生、吉勇先生、毛四琪先生等,所提意见和建议都起到"画龙点睛""锦上添花"之效，在此表示衷心地感谢！

本书编撰和出版过程中，得到国家水产技术推广总站站长魏宝振先生、《水族世界》杂志主编危智敏先生的关心和鼓励，也借此机会表达作者的谢意！并感谢广陵书社总编办主任王志娟女士、责任编辑邱数文先生和图文编排吴加琴女士等，为本书质量和版面艺术上的完美付出了辛勤努力。

图片最能直观地表现金鱼的艺术形象，为此也花费了大量精力，感谢解宏顺、解宏曙、解伟、李正伟等诸多"艺鱼人"对图片拍摄提供了帮助，感谢王志晨先生提供了部分精美的图片，书中还少量征引了有关书籍、杂志以及互联网站的资料图片，在此也一并表示衷心感谢！

因水平所限，掌握的资料尚不够丰富，拙作难免存在一些错讹或疏漏，恭请读者批评指正。

沈伯平

二○一四年九月二十日

金鱼文化艺术欣赏

JIN YU WEN HUA YI SHU XIN SHANG